C#程序设计(第2版)

主 编 赵震奇 顾雯雯
副主编 张灵芝 郭忠南
参 编 徐 晓 傅天泓 王 珏

北京理工大学出版社
BEIJING INSTITUTE OF TECHNOLOGY PRESS

内 容 提 要

本书依照C#的基本知识体系，采用Visual Studio 2012开发环境，借鉴"做中学"的理念编写而成，采用"项目式"或"案例化"形式，在模拟真实的情境下，通过对项目描述、项目需求、项目分析、项目小结、独立实践、思考与练习，将项目分解为若干个任务，任务描述、任务实施、理论知识、知识拓展，并配以相关提示。

本书共分类和对象篇、窗体控件篇、图形图像篇、I/O操作篇、XML篇、数据库篇等六篇，精选了18个C#开发项目或案例。在第一版的基础上，在图形图像篇中增加了图片切换动画效果和绘制成绩分布柱形图2个项目。全书以项目或案例带动知识点，诠释实际项目的设计理念，使读者可举一反三，案例经典，切合实际应用，使读者身临其境，有助于快速进入开发状态。

版权专有　侵权必究

图书在版编目（CIP）数据

C#程序设计 / 赵震奇，顾雯雯主编. —2版. —北京：北京理工大学出版社，2017.8
ISBN 978-7-5682-4495-4

Ⅰ.①C… Ⅱ.①赵… ②顾… Ⅲ.①C语言-程序设计-高等学校-教材 Ⅳ.①TP312

中国版本图书馆CIP数据核字（2017）第186837号

出版发行 / 北京理工大学出版社有限责任公司	
社　　址 / 北京市海淀区中关村南大街5号	
邮　　编 / 100081	
电　　话 /（010）68914775（总编室）	
82562903（教材售后服务热线）	
68948351（其他图书服务热线）	
网　　址 / http：//www.bitpress.com.cn	
经　　销 / 全国各地新华书店	
印　　刷 / 三河市天利华印刷装订有限公司	
开　　本 / 787毫米×1092毫米　1/16	责任编辑 / 王玲玲
印　　张 / 20	文案编辑 / 王玲玲
字　　数 / 463千字	责任校对 / 周瑞红
版　　次 / 2017年8月第2版　2017年8月第1次印刷	责任印制 / 李志强
定　　价 / 69.00元	

图书出现印装质量问题，请拨打售后服务热线，本社负责调换

前　言

本书依照 C#的基本知识体系，采用 Visual Studio 2012 开发环境，借鉴"做中学"的理念编写而成。本书采用"项目式"或"案例化"形式，在模拟真实的情境下，通过项目描述、项目需求、项目分析、项目小结、独立实践、思考与练习，将项目分解为若干个任务，每个任务包括任务描述、任务实施、理论知识、知识拓展，并配以相关提示。

本书包括类和对象篇、窗体控件篇、图形图像篇、I/O 操作篇、XML 篇、数据库篇等六篇，精选了统计学生成绩、计算图形面积、自制记事本、绘制简易打地鼠界面、高级打地鼠游戏实现、中国体彩"22 选 5"、公民身份证号码生成与查询等 18 个 C#开发项目或案例。本书在第 1 版的基础上，在图形图像篇中增加了图片切换动画效果和绘制成绩分布柱形图两个项目。全书以项目或案例带动知识点，诠释实际项目的设计理念，使读者可以举一反三。案例经典，切合实际应用，使读者身临其境，有助于快速进入开发状态。

本书主要特点：

1．针对性强。切合高等教育目标，重点培养职业能力，侧重技能传授。

2．实用性强。大量的经典真实案例，实训内容具体详细，与就业市场紧密结合。

3．适应性强。本书强调知识的渐进性、兼顾知识的系统性，结构逻辑性强，针对高等院校学生的知识结构特点安排教学内容。

本书读者对象：

本书内容翔实、语言简练、思路清晰、图文并茂、理论与实际设计相结合，可用作高等院校计算机专业学生相关课程的教材，也可用作计算机初学者的参考资料。本书提供了完整的配套教学资料，包括所有实例的源代码、PPT 格式的电子课件、课后习题和模拟试题答案等，这些教学资料将形成一个完整的体系，为教学和学习提供便利。

本书由赵震奇、顾雯雯担任主编并统稿，张灵芝、郭忠南担任副主编，徐晓、傅天泓、王珏等参编。本书在编写过程中得到了赵志建主任的悉心指导，赵志建主任对本书的内容、章节编排等方面提出了宝贵的意见和建议，在此表示衷心的感谢。在本书的编写过程中，参考了相关文献和网站，在此一并向这些文献的作者和网站管理者深表感谢！

由于编者水平有限，本书难免存在不足之处，恳请读者批评和指正。

编　者

目　　录

第一篇　类和对象篇

项目一　统计学生成绩 ·· 3
　　任务一　定义学生类（Stu） ··· 4
　　任务二　设计主方法 ·· 9
　　任务三　完善程序功能 ··· 12
项目二　计算图形面积 ·· 17
　　任务一　类的继承 ··· 17
　　任务二　类的多态 ··· 24

第二篇　窗体控件篇

项目三　自制记事本 ·· 31
　　任务一　制作主窗体和子窗体 ··· 32
　　任务二　添加各项功能 ··· 36
项目四　制作简易打地鼠界面 ·· 46
　　任务一　制作打地鼠游戏静态界面 ··· 47
　　任务二　随机显示地鼠 ··· 53
　　任务三　设计游戏计时 ··· 55
项目五　高级打地鼠游戏实现 ·· 58
　　任务一　制作打地鼠游戏静态界面 ··· 59
　　任务二　实现类的继承 ··· 62
　　任务三　随机显示地鼠 ··· 66
　　任务四　动态增加"田地" ·· 68
　　任务五　增加游戏计时与积分 ··· 69
项目六　中国体彩"22 选 5" ·· 73
　　任务一　制作"22 选 5"的程序界面 ·· 74
　　任务二　模拟出数字过程并显示 ·· 78
　　任务三　显示开奖结果 ··· 81
项目七　公民身份证号码生成与查询 ·· 88
　　任务一　制作项目界面 ··· 89
　　任务二　生成身份证号码 ·· 94
　　任务三　身份证号码验证与解读 ·· 101

第三篇 图形图像篇

项目八 绘制中国象棋棋盘……109
- 任务一 绘制棋盘轮廓……110
- 任务二 绘制棋盘线条……113
- 任务三 书写棋盘中间文字……117

项目九 制作儿童魔术画板……121
- 任务一 制作闪屏……122
- 任务二 制作不规则主界面……125
- 任务三 实现画图板功能……128

项目十 绘制模拟时钟……133
- 任务一 自定义用户控件……134
- 任务二 使用用户控件……140

项目十一 图片切换动画效果……143
- 任务一 设计主界面……144
- 任务二 设计十字效果功能……146
- 任务三 设计淡入效果功能……150
- 任务四 设计百叶窗效果功能……153
- 任务五 设计随机线效果功能……155
- 任务六 设计盒状效果功能……157
- 任务七 设计放大效果功能……159
- 任务八 设计擦除效果功能……161

项目十二 绘制成绩分布柱形图……165
- 任务一 定义学生数组并统计成绩百分比……166
- 任务二 绘制数学系统中的 X 和 Y 坐标轴……169
- 任务三 绘制柱形图……173

第四篇 I/O 操作篇

项目十三 批量修改文件名……181
- 任务一 设计界面……182
- 任务二 显示 Windows 系统驱动器……183
- 任务三 批量修改文件名的实现……187

项目十四 模拟资源管理器……192
- 任务一 设计 Windows 系统资源管理器界面……193
- 任务二 显示 Windows 系统驱动器内容……196
- 任务三 文件和目录的管理……201

项目十五　模拟 ATM ··206
　　任务一　创建 Account 类和 Bank 类 ···207
　　任务二　自动取款机的操作 ···214
项目十六　字典查询 ··222
　　任务一　线程、委托、泛型知识的学习 ···222
　　任务二　字典查询的实现 ··223

第五篇　XML 篇

项目十七　制作 XML 通讯录 ···229
　　任务一　设计关于学生通讯录项目的 XML 文件 ···230
　　任务二　结合本项目的要求设计 Student 类 ··234
　　任务三　绘制窗体界面 ···235
　　任务四　用 XmlReader 读取 XML 文件 ··238
　　任务五　用 XmlWriter 写入 XML 文件 ···242

第六篇　数据库篇

项目十八　学校成绩管理系统 ···253
　　任务一　建立一个空解决方案并添加 3 个子项目 ··257
　　任务二　完成登录窗口绘图功能 ···259
　　任务三　将用户信息保存到注册表 ··263
　　任务四　新建登录窗体，添加控件，并设置其属性 ··267
　　任务五　建立强类型数据集 ···268
　　任务六　强类型数据集的使用 ···270
　　任务七　学生信息的统计 ··272
附录 A　C#编程规范 ··279
附录 B　C#精华资源（网站） ··303
附录 C　C#精华资源（参考书） ··304

第一篇

类和对象篇

第一篇

染料及染褪

项目一 统计学生成绩

> 小张非计算机专业毕业，但具有 C 语言学习基础，现决定用 C#代码来初探面向对象编程。在控制台下设计一个学生类，包含学生的基本信息和三门课程的成绩，并统计和输出显示。

【项目描述】

统计学生成绩主要有五个任务：
1．理解从现实到抽象的概念转换。
2．确定一个班的总人数（整数）。
3．输入每个学生的信息，并给出确认消息。
4．输出一个班学生的所有信息及三门课的总分。
5．统计该班的实际总人数，以及这三门课的总分和平均成绩。

【项目需求】

建议配置：主频 2.2 GHz 或以上的 CPU、1 GB 或更大容量的 RAM、分辨率为 1 280×1 024 像素的显示器、7 200 r/min 或更高转速的硬盘。
操作系统：Windows 7 或以上。
开发软件：Visual Studio 2012 中文版（含 MSDN）。

【相关知识点】

建议课时：8 节课。
相关知识：类和对象的基础知识，定义和构造类，构造函数和析构函数的用法，定义属性、方法。

【项目分析】

设计该项目的主要步骤：
1．创建学生类，确定学生类的数据成员（姓名、学号、年龄、性别和成绩数组），以及公共属性的读写性。
2．统计每个学生成绩总分和平均分。
3．输入与输出学生基本信息。

任务一　定义学生类（Stu）

【任务描述】

新建项目并创建学生类、指定数据成员及公有属性和方法。

【任务实施】

（1）启动 Visual Studio 2012，新建项目，创建一个控制台应用程序，在"新建项目"模板中选择"控制台应用程序"，将项目名称设为"ConAppStu"，位置设为"E:\CsharpApp\Examples"（或其他位置），如图 1-1 所示。

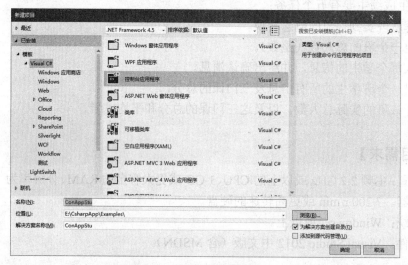

图 1-1　新建项目设置界面

（2）新建一个 Stu 类，选择菜单"项目"→"添加类"，如图 1-2 所示。

图 1-2　"项目"菜单信息

（3）在"添加新项"的模板中选择"类"，将默认名称"Class1.cs"更名为"Stu.cs"，单击"添加"按钮，生成 Stu 类窗口，如图 1-3～图 1-5 所示。

图 1-3　创建类，更名

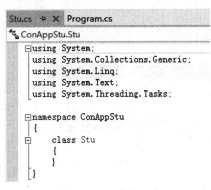

图 1-4　Stu 类代码窗口

图 1-5　解决方案窗口

（4）确定学生个人的基本信息，其包含的数据成员见表 1-1。

表 1-1　学生个人基本信息

数据成员	数据类型	数据说明
stuName	string	学生姓名
stuNo	string	学生学号
stuAge	int	学生年龄
stuSex	string	学生性别
stuScore	double[]	学生成绩

（5）输入 Stu 类的数据成员，相关代码如下：

```
class Stu
{
    string stuName;
    string stuNo;
    int stuAge;
    string stuSex;
    double[] stuScore;
}
```

（6）将第一个学生信息通过创建的类对象进行赋值，相关代码如下所示，但却出现图 1-6 所示的错误提示。

```
static void Main(string[] args)
{
    Stu s1 = new Stu();
    s1.stuName="张莉";
    s1.stuNo = "01";
    s1.stuAge = 19;
    s1.stuSex = "女";
    s1.stuScore = new double[] { 70, 80, 90 };
}
```

	说明	文件	行	列	项目
⊗3	"ConAppStu.Stu.stuAge"不可访问，因为它受保护级别限制	Program.cs	16	16	ConAppStu
⊗1	"ConAppStu.Stu.stuName"不可访问，因为它受保护级别限制	Program.cs	14	16	ConAppStu
⊗2	"ConAppStu.Stu.stuNo"不可访问，因为它受保护级别限制	Program.cs	15	16	ConAppStu
⊗5	"ConAppStu.Stu.stuScore"不可访问，因为它受保护级别限制	Program.cs	18	16	ConAppStu
⊗4	"ConAppStu.Stu.stuSex"不可访问，因为它受保护级别限制	Program.cs	17	16	ConAppStu

图 1-6　错误提示

（7）类的数据成员默认为 private 类型，在类外部不可访问，将类数据成员改变为 public（公有），则可解决该问题，相关代码如下：

```
class Stu
{
    public string stuName;
    public string stuNo;
    public int stuAge;
    public string stuSex;
    public double[] stuScore;
}
```

提示/备注：当需要输入多个学生信息时，每次都需要通过 4 条语句进行赋值，输入过于烦琐，可通过构造方法对类对象赋值。

(8) 创建 Stu 类的构造方法,相关代码如下:
```
class Stu
{
    public string stuName;
    public string stuNo;
    public int stuAge;
    public string stuSex;
    public double[] stuScore;

    public Stu(string name, string no, int age, string sex ,double[] score)
    {
        stuName = name;
        stuNo = no;
        stuAge = age;
        stuSex = sex;
        stuScore = score;
    }
}
```

(9) 在 Main()方法中赋值,相关代码如下:
```
static void Main(string[] args)
{
    Stu s1 = new Stu("张莉", "01", 19, "女" ,new double[]{70,80,90});
}
```

提示/备注:通过构造方法来传递初始值比用 "=" 赋值更有安全性,并且将 5 个基本信息字段由 public 修改为 private,更能提高数据访问的安全性,使构造方法成为对象初始化的唯一途径。

(10) 创建 Display()方法,将学生基本信息输出。
```
public string Display()
{
    string t = "";
    for (int i = 0; i < stuScore.Length; i++)
        t += stuScore[i] + ", ";
    return "姓名:" + stuName + ",学号:" + stuNo + ",年龄:" + stuAge + ",性别:" + stuSex +",3 门课成绩:"+t;
}
```

(11) 在 Main()方法中输出显示实验数据,相关代码如下:
```
Console.WriteLine(s1.Display());
```

(12) 在 Totle()方法中统计 3 门课程的总分,相关代码如下:

```
public double Totle()
{
    double sum=0;
    for (int i = 0; i < stuScore.Length; i++)
        sum += stuScore[i];
    return sum;
}
```

（13）在 Avg()方法中统计 3 门课程的平均分，相关代码如下：

```
public double Avg()
{
    return Totle() / stuScore.Length;
}
```

【理论知识】

1. 类和对象

面向对象思想来源于对现实世界的认知，人们将错综复杂的事物进行分类，从而使世界变得井井有条。比如，人类是一个类（class），你是人，我是人，都是人类的实例（instance），或称对象（object）。

每个类描述一类事物，这些事物应具有相关的属性状态，如人有身高、体重、文化程度、性别、年龄、民族等。一个对象是类的一个实例，它应具有具体的属性状态，如张三（人的实例）身高 180 厘米，体重 70 千克，大学本科，男，21 岁，汉族。每个类事物也都有一定的行为，如人类具有走、跑、跳等行为。这些不同的状态和行为将各类事物区分开来。类只有一个，而类的实例可以有无数个。

2. 类的成员

类的主要成员包括两种类型，即描述状态的数据成员和描述操作的函数成员。

数据成员包括：字段（field）和常量（constant）。

函数成员包括：方法、属性、索引器、事件、运算符、构造函数和析构函数。

3. 定义类，类实例及成员引用

（1）类的定义：

```
[访问修饰符] Class ClassName [:Class-base]
{
    Class -body;            //数据成员和函数成员
}
```

常用访问修饰符及应用范围见表 1-2。

（2）类的实例化：

ClassName ObjName = new ClassName([参数]);

其中，ClassName 为类的名字；ObjName 为对象名；[参数]是否有参数、有多少个参数由类的构造函数决定，现在都使用无参数来创建对象。

表 1-2 常用访问修饰符

修 饰 符	说　　明
public	所属类的成员及非所属类的成员都可以访问
internal	当前程序集可以访问
private	只有所属类的成员才能访问（类内部可访问）
protected	所属类或派生自所属类的类型可以访问（类内部或派生类可访问）

注：用 new 创建一个类的对象时，将在托管堆中为对象分配一块内存，每个对象都有不同的内存。代表对象的变量存储的是存放对象的内存地址。

4．构造方法

构造方法是一种特殊的方法，在类实例创建之前执行，用来初始化对象，完成对象创建前所需的相关设定。通常是 public 访问类型，方法的名称必须与类名相同，无返回类型，不使用 void。另外，在从构造函数返回之前，对象都是不确定的，不能用于执行任何操作。只有在构造函数执行完成之后，存放对象的内存块中才存放这个类的实例。

任务二　设计主方法

【任务描述】

输入一个班的人数 num（整数）；保留多个学生对象信息到一个类数组中；学生基本信息和成绩总分输出显示。

【任务实施】

（1）输入班级最大容纳学生人数：

```
Console.WriteLine("请输入班级人数：");
int num = int.Parse(Console.ReadLine());
```

（2）若步骤 1 中输入班级学生总人数有 40 人，则需创建 40 个 Stu 类对象，相关代码如下：

```
Stu s2 = new Stu("王恒", "02", 18, "男" ,new double[]{85,80,78});
Stu s3 = new Stu("李明", "03", 19, "男" ,new double[]{95,74,88});
…
Stu s40 = new Stu("张华", "40", 19, "男" ,new double[]{100,89,92});
```

注：显然，这样输入很烦琐且不易管理数据。因此，可以考虑将创建的类对象看作是同类型的数据，以数组的方式来存放，通过改变数组的下标可获得不同的对象信息。

（3）创建学生类数组，相关代码如下：

```
Stu[] student = new Stu[] { s1,s2,s3,…,s40};
```

进一步简化类数组的初始化，相关代码如下：

```
Stu[] student = new Stu[]{
```

```
            new Stu("张莉", "01", 19, "女" ,new double[]{70,80,90}),
            new Stu("王恒", "02", 18, "男" ,new double[]{85,80,78}),
            new Stu("李明", "03", 19, "男" ,new double[]{95,74,88}),
            …
            new Stu("张华", "40", 19, "男" ,new double[]{100,89,92})
        }
```

（4）进一步完善学生的基本信息，通过提示信息输入，相关代码如下：

```
Stu[] student=new Stu[num];
for (int i = 0; i < num; i++)
{
    Console.Write("请输入学生姓名：");
    string name = Console.ReadLine();
    Console.Write("请输入学生学号：");
    string no = Console.ReadLine();
    Console.Write("请输入学生年龄：");
    int age = int.Parse(Console.ReadLine());
    Console.Write("请输入学生性别：");
    string sex = Console.ReadLine();
    double[] score=new double[3];
    for (int j = 0; j < 3; j++)
    {
        Console.Write("请输入学生第{0}门成绩：",j+1);
        score[j] = double.Parse(Console.ReadLine());
    }
    Stu stu=new Stu(name,no,age,sex,score);
    student[i] = stu;
}
```

（5）学生信息输出显示，相关代码如下：

```
foreach (Stu s in student)
{
    Console.WriteLine(s);
}
```

运行结果如图 1-7 所示。

（6）每个学生总分和平均分输出显示。修改 Stu 类中 Display()方法的输出信息，相关代码如下：

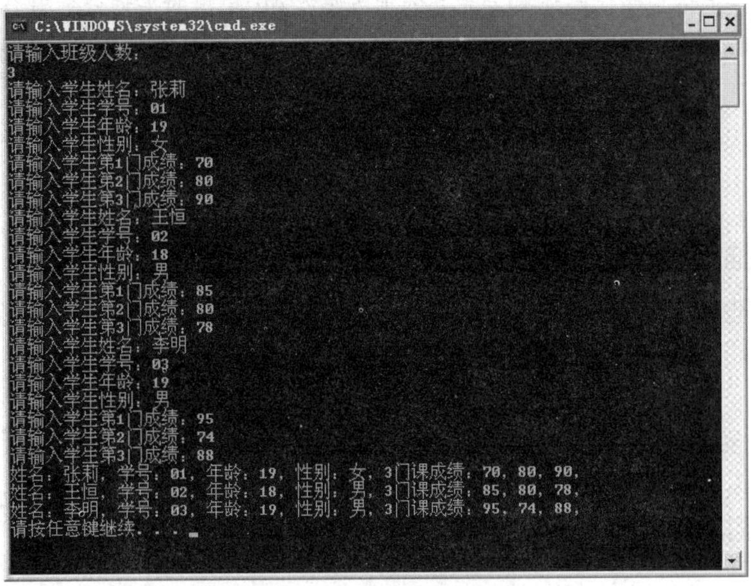

图 1-7 学生基本信息显示

```
public string Display()
{
    …
    return "姓名："+ stuName +"，学号："+ stuNo +"，年龄："+ stuAge +"，性别："+ stuSex+"，3门课成绩："+t+"，成绩总分："+Totle()+"，平均分："+Avg();
}
```

运行结果如图 1-8 所示。

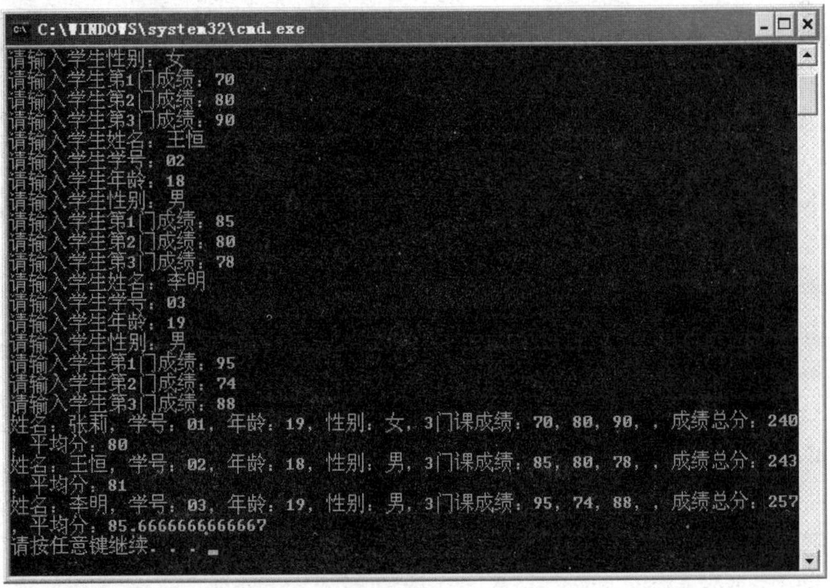

图 1-8 学生基本信息及成绩统计

提示/备注：上述程序代码还有要完善的地方吗？如：输出的平均分一般会保留 1 位小数，每个学生基本信息输入有效后，系统应给出相应的提示，那么这时应怎样修改程序呢？

任务三　完善程序功能

【任务描述】

输入学生基本信息的有效性检验；每个学生的基本信息输入有效后的信息提示；输入学生姓名为"exit"时，可结束输入，并统计实际学生人数。

【任务实施】

（1）创建学生年龄的公开属性，对其为负值的情况进行判断，相关代码如下：

```csharp
public int Age
{
    get{ return stuAge; }
    set
    {
        if (value <= 0)
            isSucc = false;
        else
            stuAge = value;
    }
}
```

注：在构造方法中，将 stuAge = age; 代码修改为 Age = age;，在对象初始化数值时，能通过属性赋值给内部数据变量，同时进行数值有效性判断。

（2）添加一个布尔类型字段 isSucc，以判断是否成功录入数据。若有无效数据录入，则设置为 false，否则为 true，相关代码如下：

```csharp
private bool isSucc;
```

修改构造函数，将 isSucc 初始化。

```csharp
public Stu(string name, string no, int age, string sex, double[] score)
//初始化数据成员的构造函数
{
    isSucc = true;
    stuName = name;
    stuNo = no;
    Age = age;
    stuSex = sex;
    stuScore = score;
```

在录入数据结束后，如何让 private 类型的 isSucc 的值传递到 Main()方法中呢？可通过在 Stu 类中设置一个对应于 isSucc 的公开属性。

```
public bool IsSucc
{
    get{ return isSucc; }
    set{ isSucc = value; }
}
```

Main()方法接收传递的公开属性 IsSucc，并进行判断，在任务二的步骤 4 的循环中进行修改，相关代码如下：

```
for (int i = 0; i < num; i++)
{
    …
    Stu stu=new Stu(name,no,age,sex,score);
    //将 student[i] = stu;修改为如下所示
    if (stu.IsSucc)              //IsSucc 为 true，则录入信息无错
    {
        student[i] = stu;
        Console.WriteLine("信息录入成功！");
    }
    else
    {
    //IsSucc 为 false，则录入信息有错，类数组退回到前一个下标位置
        i--;
        Console.WriteLine("信息录入失败！");
    }
}
```

（3）输入学生姓名为"exit"时，可结束输入。在任务二的步骤 4 的循环中进行修改，相关代码如下：

```
for (int i = 0; i < num; i++)
{
    Console.Write("请输入学生姓名:");
    string name = Console.ReadLine();
    if (name == "exit")              //输入信息结束判断
        break;
    …
}
```

在 Main()方法中添加一个整型变量 count，统计输入的实际人数。在任务二的步骤 4 的循环外和循环内进行修改，相关代码如下：

```
int count=0;                        //统计实际录入的学生人数
for (int i = 0; i < num; i++)
{
        …
        Stu stu=new Stu(name,no,age,sex,score);
    if (stu.IsSucc)                 //IsSucc 为 true，则录入信息无错
    {
        student[i] = stu;
        count++;
        Console.WriteLine("信息录入成功！");
    }
    …
}
```

显示学生信息和成绩总分、平均分的相关代码如下：

```
foreach (Stu s in student)
{
    if(s!=null)//有空对象就不显示
        Console.WriteLine(s);
}
```

注：该部分程序若没有对象为空的判断，则会按照最初输入的班级人数全部显示。若没有 count 变量，则任务三中计算每门课程的平均分时无法统计出正确人数。

运行结果如图 1-9 所示。

图 1-9　学生基本信息及成绩总分、平均分统计

【理论知识】

属性语法格式:

```
ptype   pname
{
get{                    //取字段数据程序代码,即读取(取值)}
set{                    //设定字段数据程序代码,即写入(赋值)}
}
```

ptype 为属性类型;pname 为属性的名称;set 和 get 为访问器,用来控制私有数据成员的读写性。在 get 访问器中,必须用 return 关键字将其对应的字段值返回给引用此属性的程序代码。在 set 访问器中,有一隐式参数 value,必须将 value 这个变量指定给对应的字段。

VS 提供了一个自动封装字段的方法,在类中定义一个字段 string a;,接着把鼠标停放到 a 处,单击右键,单击"重构"→"封装字段",VS 会自动封装 a 字段,并且取名为 A,也可以更改属性的名字,单击"确定"按钮,a 字段的 A 属性就封装好了。

属性有 4 种形式:

① 读写属性:包含 get 和 set 访问器。
② 只读属性:只有 get 访问器。
③ 只写属性:只有 set 访问器。
④ 静态属性:只能封装静态数据。

【项目小结】

本项目学习了设计 Stu 类结构、各种数据的输入和统计。通过本项目,学生学会类基本结构的设计,公共属性、创建方法等的使用,为后续更好地理解类和对象打下基础。

【独立实践】

项目描述:

任务单

1	
2	
3	
4	
5	

任务一:_____

任务二：_____

任务三：_____

任务四：_____

任务五：_____

【思考与练习】

按照该项目，统计每门课程的总分和平均分，如图1-10所示。

图1-10 统计3门课程的总分和平均分

项目二
计算图形面积

小张需要计算各类图形的面积，他用 C#代码在控制台下设计一个 Shape 类，并衍生出其他图形面积的计算。

【项目描述】

计算图形面积主要有三个任务：
1. 理解继承的概念。
2. 掌握隐藏基类的方法。
3. 理解多态的概念。

【项目需求】

建议配置：主频 2.2 GHz 或以上的 CPU、1 GB 或更大容量的 RAM、分辨率为 1 280×1 024 像素的显示器、7 200 r/min 或更高转速的硬盘。

操作系统：Windows 7 或以上。

开发软件：Visual Studio 2012 中文版（含 MSDN）。

【相关知识点】

建议课时：4 节课。

相关知识：继承的概念，声明继承，继承的原则，隐藏方法，虚方法与重写方法。

【项目分析】

设计该项目的主要步骤：

1. 创建 Shape 类，确定基类的数据成员（width，height）、构造方法，以及计算面积的方法。

2. 创建 Triangle 类（三角形）和 Trapezia 类（梯形），重写其计算面积方法。

任务一　类的继承

【任务描述】

新建项目，并创建 Shape 类，指定数据成员，构造函数和方法。

C#程序设计（第2版）

【任务实施】

（1）新建一个控制台应用程序，在模板中选择"控制台应用程序"，将项目名称设为"ConApp2"，位置设为"E:\CsharpApp\Examples"（或其他位置），如图2-1所示。

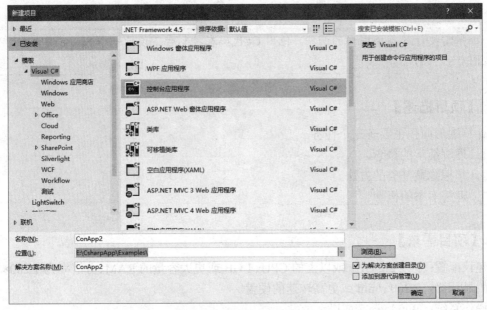

图2-1　新建项目设置界面

（2）新建一个Shape类，选择菜单"项目"→"添加类"，在"添加新项"的模板中选择"类"，将默认名称"Class1.cs"更名为"Shape.cs"，单击"添加"按钮，生成Shape类窗口，如图2-2所示。

图2-2　Shape类窗口

(3) 确定 Shape 类的数据成员，见表 2-1。

表 2-1　Shape 类的数据成员

数据成员	数据类型	数据说明
Width	Double	宽
Height	Double	长

(4) 确定 Shape 类的构造方法和面积方法，见表 2-2。

表 2-2　Shape 类的构造方法和面积方法

构造方法	参数列表	方法说明
Shape()	无参数	初始化数据成员为 0
Shape(double x)	一个参数	设置长宽值与参数相同
Shape(double w, double h)	两个参数	设置长宽值分别与两个参数相同

(5) 输入 Shape 类的数据成员，相关代码如下：

```
class Shape
{
    protected double width;
    protected double height;
    public Shape()
    {
        width = height = 0;
    }
    public Shape(double x)
    {
        width = height = x;
    }
    public Shape(double w, double h)
    {
        width = w;
        height = h;
    }
    public double area()
    {
        return width * height;
    }
}
```

（6）新建一个 Triangle 类，使其继承 Shape 类数据成员及 area()方法，并改写方法内容。
```
class Triangle : Shape                    //三角形
{
    public Triangle(double x, double y)
    {
        width = x;
        height = y;
    }
     public double area()
    {
        return width * height / 2;
    }
}
```
注：派生类方法与基类方法同名，编译时会有警告信息，如图2-3所示。

图 2-3 警告信息

提示/备注：使用关键字 new 修饰方法，可以在一个继承的结构中隐藏有相同签名的方法。另外，在派生类的构造方法中也可采用 base 关键字进行赋值。

改进代码如下：
```
class Triangle : Shape                    //三角形
{
    public Triangle(double x, double y):base(x,y)
    {
    }
    new public double area()
    {
        return width * height / 2;
    }
}
```

（7）新建一个 Trapezia 类，其内容与 Triangle 类相似，但计算面积的 area()方法公式不同，相关代码如下：
```
class Trapezia : Shape                    //梯形
{
    double width2;
    public Trapezia(double w1, double w2, double h): base(w1, h)
```

```
        {
            width2 = w2;
        }
        new public double area()          //加 new 隐藏基类的 area 方法
        {
            return (width + width2) * height / 2;
        }
}
```

(8) 在 Main()方法中赋值,相关代码如下:
```
static void Main(string[] args)
{
        Shape A = new Shape(2,4);              //长方形
        Console.WriteLine("A.area={0}", A.area());
        Triangle B = new Triangle(3,4);        //三角形
        Console.WriteLine("B.area={0}", B.area());
        Trapezia C = new Trapezia(3, 4, 5);    //梯形
        Console.WriteLine("C.area={0}", C.area());
        A = B;                                 //A 指向了 B 的引用
        Console.WriteLine("A.area={0}", A.area());
        A = C;       //A 指向了 C 的引用
        Console.WriteLine("A.area={0}", A.area());
}
```

运行结果如图 2-4 所示。

图 2-4 运行结果

从此例可以看出,使用关键字 new 修饰方法,可以在一个继承的结构中隐藏有相同签名的方法。正如程序中演示的那样,基类对象 A 被引用到派生类对象 B 时,它访问的仍是基类的方法。更多的时候,期望根据当前所引用的对象来判断调用哪一个方法,这个判断过程是在运行时进行的。

【理论知识】

1. 继承

为了提高软件模块的可复用性和可扩充性,以便提高软件的开发效率,总是希望能够利

用前人或自己以前的开发成果,同时又希望能够有足够的灵活性。C#程序设计语言提供了两个重要的特性——继承性和多态性。

继承是面向对象程序设计的主要特征之一,它可以让程序员重用代码,可以节省程序设计的时间。继承是在类之间建立一种相交关系,使新定义的派生类的实例可以继承已有的基类的特征和能力,而且可以加入新的特性或者修改已有的特性建立起类的新层次。

现实世界中的许多实体之间不是相互孤立的,它们往往具有共同的特征,也存在内在的差别。人们可以采用层次结构来描述这些实体之间的相似之处和不同之处。

图 2-5 反映了鱼类的派生关系。最高层的实体往往具有最一般、最普遍的特征,越下层的事物越具体,并且下层包含了上层的特征。它们之间的关系是基类与派生类之间的关系。

图 2-5 类的层次结构示例

为了用软件语言对现实世界中的层次结构进行模型化,面向对象的程序设计技术引入了继承的概念。一个类从另一个类派生出来时,派生类从基类那里继承特性。派生类也可以作为其他类的基类。从一个基类派生出来的多层类形成了类的层次结构。注意:C#中,派生类只能从一个类中继承。

2. 声明继承

类的继承是在声明类时指定的,格式如下:

```
类修饰符 class 类名:基类
{
    类体
}
```

声明子类时,将类的基类名放在被声明的类名后面,中间用冒号":"分隔。这个基类是类的直接基类。子类中可以声明子类特有的成员。

看下面示例:

```
using System;
class Vehicle                    //定义交通工具(汽车)类
{
    protected int wheels ;       //公有成员:轮子个数
    protected float weight ;     //保护成员:重量
    public Vehicle(){;}
    public Vehicle(int w,float g)
    {
        wheels = w ;
```

```
            weight = g ;
        }
        public void Speak()
        {
            Console.WriteLine( "交通工具的轮子个数是可以变化的！" );
        }
    }
    class Car:Vehicle                    //定义轿车类：从汽车类中继承
    {
        int passengers ;                 //私有成员：乘客数
        public Car(int w , float g , int p) : base(w, g)
        {
            wheels = w ;
            weight = g ;
            passengers=p ;
        }
    }
```

Vehicle 作为基类，体现了"汽车"这个实体具有的公共性质：汽车都有轮子和重量。Car 类继承了 Vehicle 的这些性质，并且添加了自身的特性：可以搭载乘客。

3. C#的继承原则

① 继承是可传递的。如果 C 从 B 中派生，B 又从 A 中派生，那么 C 不仅继承了 B 中声明的成员，同样也继承了 A 中的成员。Object 类作为所有类的基类。

② 派生类应当是对基类的扩展。派生类可以添加新的成员，但不能除去已经继承的成员的定义。

③ 构造函数和析构函数不能被继承。除此以外的其他成员，不论对它们定义了怎样的访问方式，都能被继承。基类中成员的访问方式只能决定派生类能否访问它们。

④ 派生类如果定义了与继承而来的成员同名的新成员，就可以覆盖已继承的成员。但这并不是因为这派生类删除了这些成员，只是不能再访问这些成员。

⑤ 类可以定义虚方法、虚属性及虚索引指示器，它的派生类能够重载这些成员，从而实现类可以展示出多态性。

⑥ 派生类只能从一个类中继承，可以通过接口实现多重继承。

4. 隐藏

类的成员声明中，可以声明与继承而来的成员同名的成员。我们称派生类的成员隐藏（hide）了基类的成员。这种情况下，编译器不会报告错误，但会给出一个警告。对派生类的成员使用 new 关键字，可以关闭这个警告。看下面的例子。

```
public class MyBase
{
    public int x;
    public void MyVoke() ;
```

}

在派生类中用 MyVoke 名称声明成员会隐藏基类中的 MyVoke 方法，即
public class MyDerived : MyBase
{
    new public void MyVoke ();
}

注意：在同一成员上同时使用 new 和 override 是错误的。

任务二 类的多态

【任务描述】

采用另一种更为灵活和有效的手段理解类的多态性，灵活运用 virtual 和 override 关键字。

【任务实施】

（1）Shape 类成员同任务一，将 area()方法用 virtual 关键字声明为虚方法，相关代码如下：

```csharp
class Shape
{
    protected double width;
    protected double height;
    public Shape()
    {
        width = height = 0;
    }
    public Shape(double x)
    {
        width = height = x;
    }
    public Shape(double w, double h)
    {
        width = w;
        height = h;
    }
    public virtual double area()          //基类中用 virtual 修饰符声明一个虚方法
    {
        return width * height;
    }
}
```

（2）Triangle 类的 area()方法用 override 关键字重写基类虚方法，相关代码如下：

```csharp
class Triangle : Shape                      //三角形
{
    public Triangle(double x, double y):base(x,y)
    {
    }
    public override double area()           //派生类中用 override 修饰符重写基类虚方法
    {
        return width * height / 2;
    }
}
```

（3）Trapezia 类的 area()方法同上处理，相关代码如下：

```csharp
class Trapezia : Shape                      //梯形
{
    double width2;
    public Trapezia(double w1, double w2, double h): base(w1, h)
    {
        width2 = w2;
    }
    public override double area()           //派生类中用 override 修饰符重写基类虚方法
    {
        return (width + width2) * height / 2;
    }
}
```

（4）在 Main()方法中赋值，相关代码如下：

```csharp
static void Main(string[] args)
{
    Shape A = new Shape(2,4);               //长方形
    Console.WriteLine("A.area={0}", A.area());
    Triangle B = new Triangle(3,4);         //三角形
    Console.WriteLine("B.area={0}", B.area());
    Trapezia C = new Trapezia(3, 4, 5);     //梯形
    Console.WriteLine("C.area={0}", C.area());
    A = B;                                  //A 指向了 B 的引用
    Console.WriteLine("A.area={0}", A.area());
    A = C;                                  //A 指向了 C 的引用
    Console.WriteLine("A.area={0}", A.area());
}
```

运行结果如图2-6所示。

图2-6 运行结果

从此例中可以看到，由于area方法在基类被定义为虚方法，又在派生类中被覆盖，所以，当基类的对象A被引用到派生类对象时，调用的就是派生类覆盖的area方法。

【理论知识】

1. 多态性

在具有继承关系的类中，不同对象的签名相同的函数成员可以有不同的实现，因此会产生不同的执行结果，这就称为多态性。

任务二首先将基类的方法用关键字virtual修饰为虚方法，再由派生类用关键字override修饰与基类中虚方法有相同签名的方法，表明是对基类的虚方法重载。其优势在于，它可以在程序运行时再决定调用哪一个方法，这就是"运行时多态"，或者称动态绑定。

2. 虚方法与重写方法

在类的层次结构中，只有使用override修饰符，派生类中的方法才可以重写基类的虚方法，否则就是隐藏基类的方法。

有关虚方法的使用，请注意：

不能将虚方法声明为静态的，因为多态性是针对对象的，不是针对类的。

① 不能将虚方法声明为私有的，因为私有方法不能被派生类覆盖。

② 覆盖方法必须与它相关的虚方法匹配，也就是说，它们的方法签名（方法名称、参数个数、参数类型）、返回类型及访问属性等都应该完全一致。

③ 一个覆盖方法覆盖的必须是虚方法。

3. base关键字

① 通过base关键字访问基类的成员。

② 调用基类上已被其他方法重写的方法。

③ 指定创建派生类实例时应调用的基类构造函数。

④ 基类访问只能在构造函数、实例方法或实例属性访问器中进行。

从静态方法中使用base关键字是错误的。

参看下面示例：基类Person和派生类Employee都有一个名为Getinfo的方法，通过使用base关键字，可以从派生类中调用基类上的Getinfo方法，派生类同基类进行通信。

```
using System;
public class Person
```

```
{
    protected string ssn = "111-222-332-444";
    protected string name = "张三";
    public virtual void GetInfo()
    {
        Console.WriteLine("姓名: {0}", name);
        Console.WriteLine("编号: {0}", ssn);
    }
}
class Employee : Person
{
    public string id = "ABC567EFG23267";
    public override void GetInfo()
    {
        base.GetInfo();                     //调用基类的 GetInfo 方法
        Console.WriteLine("成员 ID: {0}", id);
    }
}
class TestClass
{
    static void Main(string[] args)
    {
        Employee E = new Employee();
        E.GetInfo();
    }
}
```

程序运行输出：

姓名: 张三
编号: 111-222-332-444
成员 ID: ABC567EFG23267

【项目小结】

本项目学习了简单的基类 Shape 类及复杂的派生类的设计。通过本项目，学生体会了类的继承和多态性的不同，掌握了隐藏基类方法、在派生类中重写方法等的使用，为后续章节更好地学习打下基础。

【独立实践】

项目描述：

任务单

1	
2	
3	
4	
5	

任务一：_____

任务二：_____

任务三：_____

【思考与练习】

参照任务一，定义基类 Shape 类，以及衍生功能的派生类矩形、正方形、三角形和圆，并分别求其面积和周长。

第二篇

窗体控件篇

第三单元

园林与书斋

项目三
自制记事本

> 某软件公司开发了一套系统,其中想要嵌入一个类似于 Windows 系统自带的记事本程序,但系统所带的记事本程序不能同时打开多个文档。程序员小季准备自己开发一个记事本软件。

【项目描述】

制作如图 3-1 所示的自制记事本,其中涉及多文档窗体(MDI)。本项目主要有两个任务:
1. 制作主窗体和子窗体。
2. 添加各项功能。

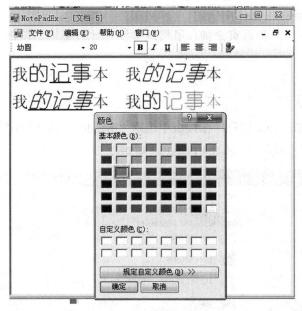

图 3-1 自制记事本

【项目需求】

建议配置:主频 2.2 GHz 或以上的 CPU、1 GB 或更大容量的 RAM、分辨率为 1 280×1 024 像素显示器、7 200 r/min 或更高转速的硬盘。

操作系统:Windows 7 或 2000 以上。

开发软件:Visual Studio 2012 中文版(含 MSDN)。

【相关知识点】

建议课时：4节课。
相关知识：基本控件属性与事件、多文档窗体的实现。

【项目分析】

系统除了基本的文件打开、保存功能外，还应具备文本设置功能和多文档窗口功能。制作记事本的主要步骤：
1．制作主窗体和子窗体。
2．添加各项功能。

任务一　制作主窗体和子窗体

【任务描述】

MDI 编程就是要在主窗体中新建一个 MDI 窗体，并且能够对主窗体中的所有 MDI 窗体实现层叠、水平平铺和垂直平铺。虽然这些操作比较基本，但却是程序设计中的要点和重点。

【任务实施】

（1）新建一个 Windows 项目，在模板中选择"Windows 窗体应用程序"，将项目名称设为"NotePadEx"，位置设为"E:\CsharpApp\Examples"（或其他位置），如图 3-2 所示。

图 3-2　新建项目设置界面

（2）设置该窗体属性，见表 3-1。

表 3-1 窗体属性设置

属性	取值/说明
Name	frmMain /窗体类名称
MaximizeBox	True /有最大化框
MinimizeBox	True /有最小化框
WindowState	Maximized /窗体最大化
IsMdiContainer	True
Text	我的记事本/窗口标题

（3）加入 MenuStrip 控件到 frmMain 中。设置 Items 属性，如图 3-3 所示。

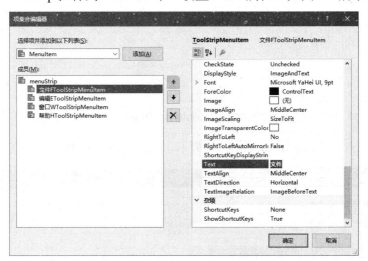

图 3-3 MenuStrip 控件 Items 属性设置

选中"文件 FToolStripMenuItem"，设置其 DropDownItems 属性，如图 3-4 所示。

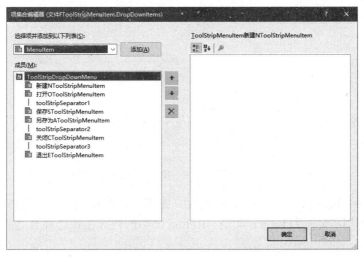

图 3-4 "文件 FToolStripMenuItem" DropDownItems 属性设置

选中"编辑 EToolStripMenuItem",设置其 DropDownItems 属性,如图 3-5 所示。

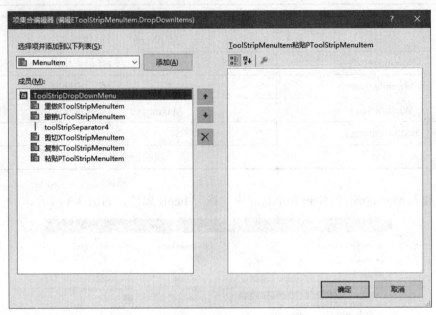

图 3-5 "编辑 FToolStripMenuItem" DropDownItems 属性设置

选中"窗口 WToolStripMenuItem",设置其 DropDownItems 属性,如图 3-6 所示。

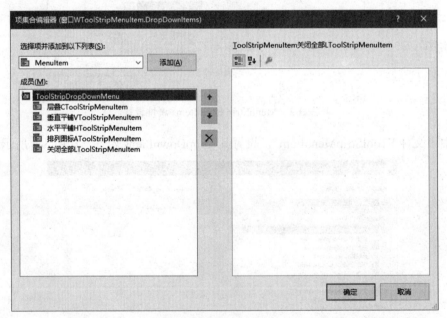

图 3-6 "窗口 WToolStripMenuItem" DropDownItems 属性设置

(4)添加 ToolStrip 控件,编辑 Items 属性,如图 3-7 所示。其中,"字体"和"字体大小"为 ComboBox 类型,其他为 Button 类型。Button 类型的快捷按钮选择合适的 Image 图片,效果如图 3-8 所示。

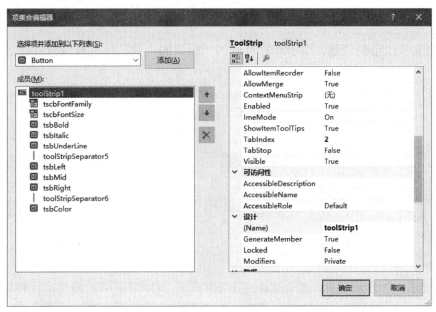

图 3-7 ToolStrip 控件 Items 属性设置

图 3-8 ToolStrip 控件效果图

（5）添加子窗体 frmChild。选择"项目"→"添加 Windows 窗体"，名称为"frmChild.cs"。添加 RichTextBox 控件，名称为 rtbText，其 Dock 属性设置为 Fill。

frmChild.cs 代码文件，更改如下：

```
namespace NotePadEx
{
    public partial class frmChild : Form
    {
        public frmChild()
        {
            InitializeComponent();
        }
        //添加 public 属性，以便主窗体访问
        public RichTextBox rtbTemp
        {
            get
            {
                return rtbText;
            }
        }
```

}
}
```

（6）定义一个全局变量，用于计算打开的子窗口的个数。在主窗体中打开子窗体，代码如下：

```
int childCount;
private void 新建NToolStripMenuItem_Click(object sender, EventArgs e)
{
    frmChild fc = new frmChild();
    fc.Name = fc.Text = "文档" + (++childCount).ToString();
    //childCount 整型变量
    fc.MdiParent = this;
    fc.Show();
}
```

提示/备注：MDI 编程中，首先要设定主窗体是一个 MDI 窗体的容器，只有如此，才能够在此主窗体上添加 MDI 窗体，从而实现对 MDI 编程，具体实现语句如下：
this.IsMdiContainer = true

任务二　添加各项功能

【任务描述】

系统中，需要添加基本的文本设置功能，包括字体、段落，能对打开的多个文档进行布局以便查看，能保存简单文本和丰富文本。

【任务实施】

1. 字体设置

在字体设置之前，首先要在窗体加载的时候填充字体组合框 tscbFontFamily 和字体大小组合框 tscbFontSize 中的 Items 属性，具体代码如下：

```
private void FrmMain_Load(object sender, EventArgs e)
{
    FontFamily[] ffs = FontFamily.GetFamilies(this.CreateGraphics());
    foreach (FontFamily ff in ffs)
    {
        tscbFontFamily.Items.Add(ff.Name);
    }

    foreach(int size in fontSizes)
    {
```
```

```csharp
            tscbFontSize.Items.Add(size);
        }
    }
```

添加 tscbFontFamily 控件 SelectedIndexChanged 事件如下：

```csharp
private void tscbFontFamily_SelectedIndexChanged(object sender, EventArgs e)
{
    frmChild fc = this.ActiveMdiChild as frmChild;
    if (fc == null || fc.rtbTemp.SelectionFont == null) return;
    Font newFont = new Font((String)tscbFontFamily.SelectedItem, fc.rtbTemp.SelectionFont.Size);
    fc.rtbTemp.SelectionFont = newFont;
    fc.rtbTemp.Focus();
}
```

添加 tscbFontSize 控件 SelectedIndexChanged 事件如下：

```csharp
private void tscbFontSize_SelectedIndexChanged(object sender, EventArgs e)
{
    frmChild fc = this.ActiveMdiChild as frmChild;
    if (fc == null || fc.rtbTemp.SelectionFont == null) return;
    Font newFont = new Font(fc.rtbTemp.SelectionFont.Name,Convert.ToSingle(tscbFontSize.Text));
    fc.rtbTemp.SelectionFont = newFont;
    fc.rtbTemp.Focus();
}
```

加粗字体按钮 tsbBold 的 Click 事件代码如下：

```csharp
private void tsbBold_Click(object sender, EventArgs e)
{
    frmChild fc = this.ActiveMdiChild as frmChild;
    Font oldFont = fc.rtbTemp.SelectionFont;
    if (fc == null && oldFont == null) return;

    Font newFont;
    if (oldFont.Bold)
    {
        newFont = new Font(oldFont, oldFont.Style & ~FontStyle.Bold);
    }
    else
    {
        newFont = new Font(oldFont, oldFont.Style | FontStyle.Bold);
    }
```

```
        fc.rtbTemp.SelectionFont = newFont;
        fc.rtbTemp.Focus();
}
```

在 Font 构造函数中，对于 oldFont.Style & ~FontStyle.Bold，学习者可能存在疑问，下面来解释：

其实 FontStyle 就是一个二进制数。假设 000001 为斜体，000010 为粗体，000011 既粗又斜。首先对表示粗体的 000010 取反，就成了 111101，然后再与原来字体的 Style 进行按位与，按位与的特点就是如果前后两个二进制数的某一位都为 1，结果才为 1，很显然可以看出来，任何数与 111101 进行按位与，结果就是把第二位置 0，其他位不变，这样就达到了取消黑体的效果。按位或运算"|"的特点是，如果前后两个二进制数的某一位为 1，结果就为 1，oldFont.Style | FontStyle.Bold 原理不再赘述，请学习者自己思考。

倾斜字体按钮 tsbItalic 的 Click 事件代码如下：

```
private void tsbItalic_Click(object sender, EventArgs e)
{
        frmChild fc = this.ActiveMdiChild as frmChild;
        Font oldFont = fc.rtbTemp.SelectionFont;
        if (fc == null && oldFont == null) return;

        Font newFont;
        if (oldFont.Italic)
        {
            newFont = new Font(oldFont, oldFont.Style & ~FontStyle.Italic);
        }
        else
        {
            newFont = new Font(oldFont, oldFont.Style | FontStyle.Italic);
        }
        fc.rtbTemp.SelectionFont = newFont;
        fc.rtbTemp.Focus();
}
```

字体下划线按钮 tsbUnderLine 的 Click 事件代码如下：

```
private void tsbUnderLine_Click(object sender, EventArgs e)
{
        frmChild fc = this.ActiveMdiChild as frmChild;
        Font oldFont = fc.rtbTemp.SelectionFont;
        if (fc == null && oldFont == null) return;

        Font newFont;
        if (oldFont.Underline)
```

```
            {
                newFont = new Font(oldFont, oldFont.Style & ~FontStyle.Underline);
            }
            else
            {
                newFont = new Font(oldFont, oldFont.Style | FontStyle.Underline);
            }
            fc.rtbTemp.SelectionFont = newFont;
            fc.rtbTemp.Focus();
        }
```

2. 段落设置

左对齐按钮 tsbLeft 的 Click 事件代码如下：

```
private void tsbLeft_Click(object sender, EventArgs e)
{
    frmChild fc = this.ActiveMdiChild as frmChild;
    if (fc == null) return;
    fc.rtbTemp.SelectionAlignment = HorizontalAlignment.Left;
}
```

居中按钮 tsbMid 的 Click 事件代码如下：

```
private void tsbMid_Click(object sender, EventArgs e)
{
    frmChild fc = this.ActiveMdiChild as frmChild;
    if (fc == null) return;
    fc.rtbTemp.SelectionAlignment = HorizontalAlignment.Center;
}
```

右对齐按钮 tsbRight 的 Click 事件代码如下：

```
private void tsbRight_Click(object sender, EventArgs e)
{
    frmChild fc = this.ActiveMdiChild as frmChild;
    if (fc == null) return;
    fc.rtbTemp.SelectionAlignment = HorizontalAlignment.Right;
}
```

3. 颜色设置

添加 ColorDialog 控件 colorDialog1，添加 Click 事件如下：

```
private void tsbColor_Click(object sender, EventArgs e)
{
    if (colorDialog.ShowDialog() == DialogResult.OK)
    {
        frmChild fc = this.ActiveMdiChild as frmChild;
```

```
            if (fc == null || fc.rtbTemp.SelectionColor == null) return;
            fc.rtbTemp.SelectionColor = colorDialog1.Color;
            fc.rtbTemp.Focus();
        }
    }
```

4. 窗口布局

层叠菜单"层叠 CToolStripMenuItem"的 Click 事件代码如下：

```
private void 层叠 CToolStripMenuItem_Click(object sender, EventArgs e)
{
    LayoutMdi(MdiLayout.Cascade);
}
```

垂直平铺菜单"垂直平铺 VToolStripMenuItem"的 Click 事件代码如下：

```
private void 垂直平铺 VToolStripMenuItem_Click(object sender, EventArgs e)
{
    LayoutMdi(MdiLayout.TileVertical);
}
```

水平平铺菜单"水平平铺 HToolStripMenuItem"的 Click 事件代码如下：

```
private void 水平平铺 HToolStripMenuItem_Click(object sender, EventArgs e)
{
    LayoutMdi(MdiLayout.TileHorizontal);
}
```

排列图标菜单"排列图标 AToolStripMenuItem"的 Click 事件代码如下：

```
private void 排列图标 AToolStripMenuItem_Click(object sender, EventArgs e)
{
    LayoutMdi(MdiLayout.ArrangeIcons);
}
```

全部关闭菜单"全部关闭 LToolStripMenuItem"的 Click 事件代码如下：

```
private void 全部关闭 LToolStripMenuItem_Click(object sender, EventArgs e)
{
    if (this.MdiChildren.Length > 0)     //当子窗体个数大于 0 的时候遍历所有子窗体
    {
        foreach (Form frmChild in this.MdiChildren)    //遍历所有子窗体
            frmChild.Close();                           //关闭子窗体
    }
}
```

5. 文件保存

文件可以以 txt 和 rtf 两种方式保存，在保存的时候用户可以选择，程序中需要判断。自定义以下方法：

```
private void SaveAsFile(string fileName, frmChild fc)
```

```csharp
    {
        string fnExt = fileName.Substring(fileName.LastIndexOf(".") + 1).ToLower();
        //判断保存类型 txt 或者 rtf
        if (fnExt == "txt")
            fc.rtbTemp.SaveFile(fileName, RichTextBoxStreamType.PlainText);
        else
            fc.rtbTemp.SaveFile(fileName, RichTextBoxStreamType.RichText);
        //保存后重新加载
        if (fnExt == "txt")
            fc.rtbTemp.LoadFile(fileName, RichTextBoxStreamType.PlainText);
        else
            fc.rtbTemp.LoadFile(fileName, RichTextBoxStreamType.RichText);
        //更改窗体名称及窗体标题栏显示名称
        fc.Name = fc.Text = fileName;
    }
```

"保存"菜单"保存SToolStripMenuItem"的 Click 事件代码如下：

```csharp
private void 保存SToolStripMenuItem_Click(object sender, EventArgs e)
{
    frmChild fc = this.ActiveMdiChild as frmChild;
    if (fc.Name.Contains(@"\"))
        //打开保存过的文件，窗体的 Name 属性采用的绝对路径，故包含字符"\"
        SaveAsFile(fc.Name, fc);
    else
        另存为AToolStripMenuItem_Click(null, null);
}
```

"另存为"菜单"另存为AToolStripMenuItem"的 Click 事件代码如下：

```csharp
private void 另存为AToolStripMenuItem_Click(object sender, EventArgs e)
{
    if (saveFileDialog.ShowDialog() == DialogResult.OK)
    {
        if (IsExistChildForm(saveFileDialog.FileName))
        {
            MessageBox.Show("另存的文件已打开,请先关闭", "系统提示", MessageBoxButtons.OK, MessageBoxIcon.Warning);
            return;
        }
        SaveAsFile(saveFileDialog.FileName, this.ActiveMdiChild as frmChild);
    }
}
```

其中调用了自定义方法 IsExistChildForm，作用是当在另存文件的时候，判断该文件是否处于打开状态，代码如下：

```csharp
private bool IsExistChildForm(string _ChildFormName)
{
    foreach (Form form in this.MdiChildren)
    {
        if (string.Compare(form.Name, _ChildFormName, true) == 0)
        {
            form.BringToFront();
            return true;
        }
    }
    return false;
}
```

6. 打开文件

自定义方法，代码如下：

```csharp
private void OpenChildForm(string fileName)
{
    if (IsExistChildForm(fileName)) return;
    frmChild fc = new frmChild();
    fc.Name = fc.Text = fileName;
    string fnExt = fileName.Substring(fileName.LastIndexOf(".") + 1).ToLower();
    if (fnExt == "txt")
        fc.rtbTemp.LoadFile(fileName, RichTextBoxStreamType.PlainText);
    else
        fc.rtbTemp.LoadFile(fileName, RichTextBoxStreamType.RichText);
    fc.MdiParent = this;
    fc.Show();
    fc.rtbTemp.SelectionChanged += new EventHandler(rtbTemp_SelectionChanged);//
}
```

7. "编辑" 菜单

各个功能代码如下：

```csharp
private void 重做 RToolStripMenuItem_Click(object sender, EventArgs e)
{
    frmChild fc = this.ActiveMdiChild as frmChild;
    if (fc == null) return;
    fc.rtbTemp.Redo();
}
private void 撤销 UToolStripMenuItem_Click(object sender, EventArgs e)
```

```csharp
{
    frmChild fc = this.ActiveMdiChild as frmChild;
    if (fc == null) return;
    fc.rtbTemp.Undo();
}
private void 剪切ToolStripMenuItem_Click(object sender, EventArgs e)
{
    frmChild fc = this.ActiveMdiChild as frmChild;
    if (fc == null) return;
    fc.rtbTemp.Cut();
}
private void 复制ToolStripMenuItem_Click(object sender, EventArgs e)
{
    frmChild fc = this.ActiveMdiChild as frmChild;
    if (fc == null) return;
    fc.rtbTemp.Copy();
}
private void 粘贴PToolStripMenuItem_Click(object sender, EventArgs e)
{
    frmChild fc = this.ActiveMdiChild as frmChild;
    if (fc == null) return;
    fc.rtbTemp.Paste();
}
```

8. 其他功能

当光标在文档中的文本上时，若文本加粗，则加粗按钮被选中；若文本倾斜，则倾斜按钮被选中；若文本加下划线，则下划线按钮被选中。编写自定义方法，代码如下：

```csharp
private void rtbTemp_SelectionChanged(object sender, EventArgs e)    //
{
    frmChild fc = this.ActiveMdiChild as frmChild;
    if (fc == null || fc.rtbTemp.SelectionFont==null) return;    //
    tsbBold.Checked = fc.rtbTemp.SelectionFont.Bold;
    tsbItalic.Checked = fc.rtbTemp.SelectionFont.Italic;
    tsbUnderLine.Checked = fc.rtbTemp.SelectionFont.Underline;
}
```

在程序中需要的地方，可以用下面的语句进行调用：

```csharp
fc.rtbTemp.SelectionChanged += new EventHandler(rtbTemp_SelectionChanged);
```

【理论知识】

1. RichTextBox 控件

文本编辑和阅读是应用软件最常用的功能之一，.Net 中提供了两个最基本的文本输入控件：TextBox 控件和 RichTextBox 控件。TextBox 控件提供简单的文本编辑和阅读支持，可以进行多行显示，也可以设置字体、字号、颜色等信息，但这些信息并不能保存并记录到文件中，TextBox 控件的使用相当简单，这里就不再进一步介绍。

顾名思义，RichTextBox 控件也是用于文本编辑和阅读的，但是它比 TextBox 功能强大，它可以编辑 RTF 格式的文档信息。可以利用 RichTextBox 控件的 LoadFile 打开加载文件并显示到控件中。例如：

fc.rtbTemp.LoadFile(fileName, RichTextBoxStreamType.RichText);

2. MenuStrip 控件

MenuStrip 控件是应用程序菜单结构的容器。MenuStrip 派生于 ToolStrip 类。在建立菜单系统时，要给 MenuStrip 添加 ToolStripMenu 对象。这可以在代码中完成，也可以在 Visual Studio 的设计器中进行。把一个 MenuStrip 控件拖放到设计器的一个窗体中，MenuStrip 就允许直接在菜单项上输入菜单文本。

MenuStrip 控件只有两个额外的属性。GripStyle 使用 ToolStripGripStyle 枚举把栅格设置为可见或隐藏。

MdiWindowListItem 属性提取或返回 ToolStripMenuItem。这个 ToolStripMenuItem 是在 MDI 应用程序中显示所有已打开窗口的菜单。

3. ToolStrip 控件

ToolStrip 控件是一个用于创建工具栏、菜单结构和状态栏的容器控件。ToolStrip 直接用于工具栏，还可以用作 MenuStrip 和 StatusStrip 控件的基类。

ToolStrip 控件在用于工具栏时，使用一组基于抽象类 ToolStripItem 的控件。ToolStripItem 可以添加公共显示和布局功能，并管理控件使用的大多数事件。ToolStripItem 派生于 System.ComponentModel.Component 类，而不是 Control 类。基于 ToolStripItem 的类必须包含在基于 ToolStrip 的容器中。

Image 和 Text 是要设置的最常见属性。Image 可以用 Image 属性设置，也可以使用 ImageList 控件，把它设置为 ToolStrip 控件的 ImageList 属性。然后就可以设置各个控件的 ImageIndex 属性了。

ToolStripItem 上文本的格式化用 Font、TextAlign 和 TextDirection 属性来处理。TextAlign 设置文本与控件的对齐方式，它可以是 ControlAlignment 枚举中的任一值，默认为 MiddleRight。TextDirection 属性设置文本的方向，其值可以是 ToolStripTextDirection 枚举中的任一值，包括 Horizontal、Inherit、Vertical270 和 Vertical90。Vertical270 把文本旋转 270°，Vertical90 把文本旋转 90°。

DisplayStyle 属性控制在控件上是显示文本、图像、文本和图像，还是什么都不显示。在 AutoSize 设置为 true 时，ToolStripItem 会重新设置其大小，确保只使用最少量的空间。

4. OpenFileDialog 控件

OpenFileDialog 控件有以下基本属性：

InitialDirectory：对话框的初始目录；Filter：要在对话框中显示的文件筛选器，例如，"文本文件(*.txt)|*.txt|所有文件(*.*)||*.*"；FilterIndex：在对话框中选择的文件筛选器的索引，如果选第一项，就设为 1；RestoreDirectory：控制对话框在关闭之前是否恢复当前目录；FileName：第一个在对话框中显示的文件或最后一个选取的文件；Title：将显示在对话框标题栏中的字符；AddExtension：是否自动添加默认扩展名；CheckPathExists：在对话框返回之前，检查指定路径是否存在；DefaultExt：默认扩展名；DereferenceLinks：在从对话框返回前是否取消引用快捷方式。

5．SaveFileDialog 控件

SaveFileDialog 与 OpenFileDialog 属性基本相似，不再赘述。

6．ColorDialog 控件

ColorDialog 控件有以下基本属性：

AllowFullOpen：禁止和启用"自定义颜色"按钮；FullOpen：控制最初是否显示对话框的"自定义颜色"部分；ShowHelp：是否显示"帮助"按钮；Color：在对话框中显示的颜色；SolidColorOnly：是否只能选择纯色。

【项目小结】

通过记事本项目的设计，学习者学习了多文档窗体的相关知识。多文档窗体程序可以在任一时刻在不同的窗口中保存多个已打开的文档，其他与单文档窗体程序大同小异。

【独立实践】

项目描述：

任务单

1	
2	
3	
4	
5	

任务一：_____

任务二：_____

任务三：_____

【思考与练习】

编写"自制简易写字板"程序。

项目四
制作简易打地鼠界面

打地鼠游戏深受广大小朋友的喜爱，身为某IT公司程序员的小王决定为自己的儿子开发这款软件，一来锻炼孩子的反应能力，二来增加孩子学习的动力。小王决定在C#中用Button控件来模拟田地，通过Button控件颜色的变化来模拟地鼠的出现与消失。

【项目描述】

制作如图4-1所示的简易打地鼠界面，本项目主要有三个任务：
1. 制作打地鼠游戏静态界面。
2. 随机显示地鼠。
3. 游戏计时。

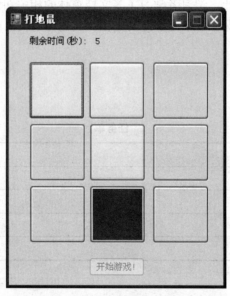

图4-1 简易打地鼠的游戏画面

【项目需求】

建议配置：主频2.2 GHz或以上的CPU、1 GB或更大容量的RAM、分辨率为1 280×1 024像素的显示器、7 200 r/min或更高转速的硬盘。

操作系统：Windows 7或以上。

开发软件：Visual Studio 2012 中文版（含MSDN）。

项目四 制作简易打地鼠界面

【相关知识点】

建议课时：4 节课。

相关知识：控件命名技巧、基本控件属性、随机数类及计数器的使用。

【项目分析】

简易打地鼠游戏中，可以用按钮来模拟地鼠可能出现的位置，红色的按钮表示当时地鼠的位置，地鼠的位置按某个频率在一定的范围内随机出现。制作简易打地鼠界面的主要步骤：

1．制作打地鼠游戏静态界面。
2．随机显示地鼠。
3．游戏计时。

任务一　制作打地鼠游戏静态界面

【任务描述】

新建项目，并在窗体上制作程序界面。

【任务实施】

（1）新建一个 Windows 项目，在模板中选择"Windows 窗体应用程序"，将项目名称设为"SimpleBeatHamster"，位置设为"E:\CsharpApp\Examples"，如图 4-2 所示。

图 4-2　新建项目设置界面

- 47 -

（2）设置该窗体属性，见表 4-1。

表 4-1 窗体属性设置

属　　性	取值/说明
Name	frmMain　　/窗体类名称
FormBorderStyle	FixedSingle　　/边框大小固定
MaximizeBox	False　　/无最大化框
MinimizeBox	False　　/无最小化框
Size	300,350　　/窗体尺寸大小（宽，高）
StartPosition	CenterScreen　　/屏幕正中
Text	打地鼠　　/窗口标题

（3）在 Visual Studio 2005 的主界面，系统提供了一个默认的窗体。通过工具箱向其中添加各种控件来设计应用程序的界面。具体操作是，用鼠标按住工具箱需要添加的控件，然后拖放到窗体中即可。

在窗体上添加 3 个 Panel 控件，自上而下分别命名为：pnlTop、pnlBody 和 pnlBottom，设置 pnlTop 的 Dock 属性值为 Top，pnlBody 的 Dock 属性值为 Fill，pnlBottom 的 Dock 属性值为 Bottom。

说明：Panel 控件就是包含其他控件的控件。把控件组合在一起，放在一个面板上，将更容易管理这些控件。例如，可以禁用面板，从而禁用该面板上的所有控件。Panel 控件派生于 ScrollableControl，所以还可以使用 AutoScroll 属性。如果可用区域上有过多的控件要显示，就可以把它们放在一个面板上，并把 AutoScroll 属性设置为 true，这样就可以滚动所有的控件了。

面板在默认情况下不显示边框，但把 BorderStyle 属性设置为不是 none 的其他值，就可以使用面板可视化地组合相关的控件。这会使用户界面更友好。

（4）在 pnlTop 上添加两个 Label 控件：一个用来作为说明性文字，Text 属性为：剩余时间（秒）：；另一个用来动态显示游戏剩余时间，name 属性为：lblTime。

说明：Label 控件一般用于给用户提供描述文本，通常标签和文本框一起使用。标签为用户提供了在文本框中输入的数据类型的描述。标签控件总是只读的，用户不能修改 Text 属性的字符串值。但是，可以在代码中修改 Text 属性。在 Text 属性中，给一个字符前面加上宏符号&时，标签控件中的该字母就会加上下划线。按下 Alt 键和带有下划线的字母就会把焦点移动到 Tab 顺序的下一个控件上。如果 Text 属性的文本包含一个宏符号，就应添加第二个宏符号，其后的字母将不带下划线。例如，如果标签文本是 Nuts & Bolts，就应把属性设置为 Nuts && Bolts。AutoSize 属性是一个布尔值，指定标签是否根据标签的内容自动设置其大小。例如，在多语言应用程序中，Text 属性的长度会根据当前语言的不同而变化，此时就可以使用这个属性。

（5）在 pnlBody 上添加 9 个 Button 控件，其 Width 和 Height 属性值都设为 75，布局成如图 4-3 所示游戏界面效果。

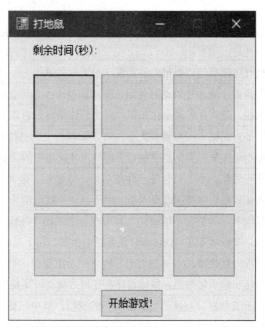

图 4-3 界面效果图

说明：Button 类表示简单的命令按钮，派生于 ButtonBase 类。该类最常见的用法是编写处理按钮 Click 事件的代码。下面的代码执行 Click 事件的处理程序。在单击按钮时，会弹出一个显示按钮名称的消息框。

```
private void btnTest_Click(object sender, System.EventArgs e)
{
    MessageBox.Show(((Button)sender).Name + "was clicked.");
}
```

按钮可以包含图像和文本。图像通过 ImageList 对象提供。ImageList 对象在下一节解释。Text 和 Image 都包含 Align 属性，用以对齐按钮上的文本和图像。

提示/备注：在选择控件的时候，可以同时按住 Ctrl 键或者 Shift 键，同时选中多个控件，统一设置空间的共同属性。也可以通过鼠标拖动的方式选中多个控件。

【理论知识】

1. 窗体常用属性

① AcceptButton：按 Enter 键时的默认按钮。

② CancelButton：按 Esc 键时触发的按钮。

③ FormBorderStyle：窗体样式。

确定 Windows 窗体的外观时，有几种边框样式可供选择，见表 4-2。通过更改 FormBorderStyle 属性，可控制和调整窗体的大小。另外，设置 FormBorderStyle 属性还会影响标题栏如何显示及标题栏上出现什么按钮。

表 4-2 窗体常用属性

设 置	说 明
None	没有边框或与边框相关的元素,用于启动窗体
Fixed3D	当需要三维边框效果时使用。不可调整大小,可在标题栏上包括控件菜单栏、标题栏、最大化和最小化按钮。用于创建相对于窗体主体凸起的边框
FixedDialog	用于对话框。不可调整大小,可在标题栏上包括控件菜单栏、标题栏、最大化和最小化按钮。用于创建相对于窗体主体凹进去的边框
FixedSingle	不可调整大小。可包括控件菜单栏、标题栏、最大化和最小化按钮。只能使用最大化和最小化按钮改变大小。用于创建单线边框
FixedToolWindow	显示不可调整大小的窗口,其中包含"关闭"按钮和以缩小字体显示的标题栏文本。该窗体不在 Windows 任务栏中出现。用于工具窗口
Sizable	该项为默认项,可调整大小,经常用于主窗口。可包括控件菜单栏、标题栏、最大化和最小化按钮。鼠标指针在任何边缘处可调整大小
SizableToolWindow	用于工具窗口。显示可调整大小的窗口,其中包括"关闭"按钮和以缩小字体显示的标题栏文本。该窗体不在 Windows 任务栏中出现

④ HelpButton:是否有"帮助"按钮。
⑤ Icon:窗体最小化时的图标。
⑥ Opacity:设置窗体的透明度。
⑦ StartPosition:窗体第一次出现时的位置,一般将该属性值设为 Center。
⑧ Text:窗体标题栏文字。
⑨ WindowState:窗体显示状态。

2. 控件共同常用属性

大多数控件属性都派生于 System.Windows.Forms.Control 类,所以它们都有一些共同的属性,见表 4-3。

表 4-3 控件共同常用属性

属 性	含 义
Anchor	设置控件的哪个边缘锚定到其容器边缘
Dock	设置控件停靠到父容器的哪个边缘
BackColor	获取或设置控件的背景色
Cursor	获取或设置当鼠标指针位于控件上时显示的光标
Enabled	设置控件是否可以对用户交互做出响应
Font	设置或获取控件显示文字的字体
ForeColor	获取或设置控件的前景色
Height	获取或设置控件的高度

续表

属性	含义
Left	获取或设置控件的左边界到容器左边界的距离
Name	获取或设置控件的名称
Parent	获取或设置控件的父容器
Right	获取或设置控件的右边界到容器左边界的距离
Tabindex	获取或设置在控件容器上控件的 Tab 键的顺序
TabStop	设置用户能否使用 Tab 键将焦点放到该控件上
Tag	获取或设置包括有关控件的数据对象
Text	获取或设置与此控件关联的文本
Top	获取或设置控件的顶部距离其容器的顶部的距离
Visible	设置是否在运行时显示该控件
Width	获取或设置控件的宽度

控件能对用户或应用程序的某些行为做出响应，这些行为称为事件。Control 类的常见事件见表 4-4。

表 4-4 Control 类的常见事件

Click	单击控件时发生
DoubleClick	双击控件时发生
DragDrop	当一个对象被拖到控件上，用户释放鼠标时发生
DragEnter	当被拖动的对象进入控件的边界时发生
DragLeave	当被拖动的对象离开控件的边界时发生
DragOver	当被拖动的对象在控件的范围时发生
KeyDown	在控件有焦点的情况下，按下任一个键时发生，在 KeyPress 前发生
KeyPress	在控件有焦点的情况下，按下任一个键时发生，在 KeyUp 前发生
KeyUp	在控件有焦点的情况下释放键时发生
GetFocus	在控件接收焦点时发生
LostFocus	在控件失去焦点时发生
MouseDown	当鼠标指针位于控件上，并按下鼠标键时发生
MouseMove	当鼠标指针移到控件上时发生
MouseUp	当鼠标指针位于控件上，并释放鼠标键时发生
Paint	重绘控件时发生
Validated	在控件完成验证时发生
Validating	在控件正在验证时发生
Resize	在调整控件大小时发生

【窗体、控件的命名规则】

关于窗体和空间的命名规则,没有硬性规定必须如何,但为了便于维护程序,编者建议读者按以下规则命名。

1. 命名方法

控件名简写+英文描述,英文描述首字母大写。

2. 部分控件名简写(对照表见表4-5)

表4-5 部分控件名简写对照表

数据类型	数据类型简写	标准命名举例
Label	Lbl	lblMessage
LinkLabel	Llbl	llblToday
Button	Btn	btnSave
TextBox	Txt	txtName
MainMenu	Mmnu	mmnuFile
CheckBox	Chk	chkStock
RadioButton	Rbtn	rbtnSelected
GroupBox	Gbx	gbxMain
PictureBox	Pic	picImage
Panel	Pnl	pnlBody
DataGrid	Dgrd	dgrdView
ListBox	Lst	lstProducts
CheckedListBox	Clst	clstChecked
ComboBox	Cbo	cboMenu
ListView	Lvw	lvwBrowser
TreeView	Tvw	tvwType
TabControl	Tctl	tctlSelected
DateTimePicker	Dtp	dtpStartDate
HscrollBar	Hsb	hsbImage
VscrollBar	Vsb	vsbImage
Timer	Tmr	tmrCount
ImageList	Ilst	ilstImage
ToolBar	Tlb	tlbManage
StatusBar	Stb	stbFootPrint

续表

数据类型	数据类型简写	标准命名举例
OpenFileDialog	Odlg	odlgFile
SaveFileDialog	Sdlg	sdlgSave
FoldBrowserDialog	Fbdlg	fgdlgBrowser
FontDialog	Fdlg	fdlgFoot
ColorDialog	Cdlg	cdlgColor
PrintDialog	Pdlg	pdlgPrint

任务二　随机显示地鼠

【任务描述】

打地鼠游戏难度之一就是地鼠在指定的范围内随机出现，本次任务将采用红色按钮来表示地鼠的位置。

【任务实施】

（1）地鼠的位置是随机出现的，C#中提供了 Random 类，可以通过 Random 对象调用特定的方法产生随机数。

int rndNum;
Random rnd = new Random();
rndNum = rnd.Next(9);

（2）地鼠出现的时间间隔，可以用 C#提供的 Timer 控件来实现。需要用到其两个重要属性和一个事件，如图 4-4 所示。

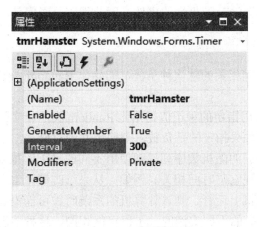

图 4-4　计时器属性设置

Enabled:控件是否可用,默认值为 False。本任务中将 tmrHamster 控件该属性设置为 False(不可用)。

Interval:触发 Timer 控件 Tick 事件的时间间隔,单位为毫秒。本任务中将 tmrHamster 控件的该属性设置为 300。

Tick 事件:每当经过指定的时间间隔时发生。本任务在此事件中添加如下代码:

```
pnlBody.Controls[rndNum].BackColor = SystemColors.Control;
//清除上次地鼠的位置
rndNum = rnd.Next(9);//产生随机位置
pnlBody.Controls[rndNum].BackColor = Color.Red;//新位置出现地鼠
```

说明:该项目中用按钮的颜色变化来模拟地鼠的位置,当按钮为红色时,表示该按钮所在位置出现地鼠;若为系统颜色,则无地鼠。

tmrHamster_Tick 事件的完整代码如下:

```
//地鼠出现时间控制
private void tmrHamster_Tick(object sender, EventArgs e)
{
    pnlBody.Controls[rndNum].BackColor = SystemColors.Control;
    //将选中的按钮背景色设为系统颜色
    rndNum = rnd.Next(9);
    pnlBody.Controls[rndNum].BackColor = Color.Red;
}
```

提示/备注:除了可以用 Button 控件的 BackColor 属性来模拟地鼠,还可以用 Image 属性来形象生动地模拟。

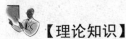【理论知识】

一、Random 类

由于大部分的游戏都会涉及随机性的事件,因此程序员经常使用 Random 类。以下将介绍 Random 类。

1. 公共构造方法

Random():使用与时间相关的默认种子值,初始化 Random 类的新实例。默认种子值是从系统时钟派生而来的。

Random(int Seed):使用指定的种子值初始化 Random 类的新实例。Seed 是用来计算伪随机数序列起始值的数字。如果指定的是负数,则使用其绝对值。

如果应用程序需要不同的随机数序列,则使用不同的种子值重复调用此构造函数。一种产生唯一种子值的方法是使它与时间相关。例如,从系统时钟派生出种子值。但是,如果应用程序在一个较快的计算机上运行,则该计算机的系统时钟可能没有时间在此构造函数的调用之间进行更改。Random 的不同实例的种子值可能相同,这种情况下,可应用一个算法来区分每个调用的种子值。

2. 公共方法

（1）Next:该方法返回随机数，有如下三个重载方法。

Random.Next ():返回非负随机数。

int intRandom;
Random rnd = new Random();
intRandom = rnd.Next();

Random.Next (Int32):返回一个小于所指定最大值的非负随机数。

int intRandom;
Random rnd = new Random();
intRandom = rnd.Next(100);

Random.Next (Int32, Int32):返回一个指定范围内的随机数。

int intRandom;
Random rnd = new Random();
intRandom = rnd.Next(1,100);

（2）NextDouble:该方法返回一个介于 0.0 和 1.0 之间的随机数，没有重载方法。

double intRandom;
Random rnd = new Random();
intRandom = rnd.NextDouble();

二、Controls

Controls 属性返回 Control.ControlCollection 类的一个实例，Controls 是一个集合，其元素代表容器中的控件。Controls 提供了很多有用的属性和方法，例如，Count 属性用于表明集合中控件的数量，Add 方法可以把一个控件添加到它的集合中。假如知道某个控件在容器中的 index，那么就可以用 object.Controls[index]来选中这个控件。例如：

rndNum = rnd.Next(9);
pnlBody.Controls[rndNum].BackColor = Color.Red;

任务三　设计游戏计时

【任务描述】

给打地鼠游戏添加计时功能是必需的，通过计时功能来增加趣味性和挑战性。

【任务实施】

1．添加一个 Timer 控件，命名为：tmrTimeLeft，设置其 Interval 属性值为 1000。
2．添加 Tick 事件，代码如下：

```
//游戏计时
private void tmrTimeLeft_Tick(object sender, EventArgs e)
```

```
    {
        remaindertime--;                        //游戏时间减1，单位为秒
        lblTime.Text = remaindertime.ToString();
        if (remaindertime == 0)
        {
            tmrTimeLeft.Enabled = false;
            tmrHamster.Enabled = false;
            pnlBody.Enabled = false;            //将各个控件都设为不可用状态
            pnlBody.Controls[rndNum].BackColor = SystemColors.Control;
            //游戏结束后，把最后的地鼠清除
        }
    }
```

注意：游戏结束后，需要把最后的地鼠的显示效果清除，这个工作可以放在 tmrTimeLeft_Tick 中完成。

提示/备注：游戏过程中，如何暂停游戏？通过尝试，充分理解控件的属性及全局变量的用处。

【项目小结】

本项目从了解 C#中的 Windows 窗体开始，学习了 Windows 窗体和常用控件的基本属性，了解了控件的命名规则，学习了如何利用 Random 类产生随机数和定时器控件的属性、事件，并掌握了如何将二者结合起来完成某个任务。通过本项目，学生能学习到 Windows 窗体和常用控件的基本属性，掌握产生随机数的基本原理和定时器的工作机制，为后续的高级打地鼠游戏打下了基础。

【独立实践】

项目描述：

任务单

1	
2	
3	
4	
5	

任务一：_____

任务二：_____

任务三：_____

【思考与练习】

1. 制作如图 4-5 所示的界面。

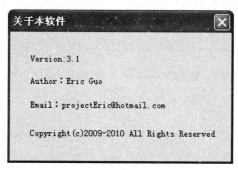

图 4-5 "关于本软件"参考界面

2. 制作一个小软件，如图 4-6 所示，即时显示系统日期和时间（刷新频率为 1 秒）。

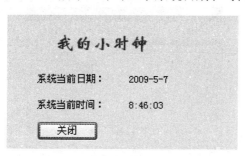

图 4-6 "我的小时钟"参考界面

3. 为游戏界面添加"暂停/开始"功能。
4. 如何做出同时出现两只地鼠的效果？

项目五
高级打地鼠游戏实现

> 为了增加游戏的挑战性和趣味性，经过思考，小王决定在开发的简易打地鼠游戏的基础上，进一步完善游戏界面和功能。

【项目描述】

制作如图 5-1 所示的高级打地鼠游戏，要求有闯关、游戏计时计分等功能。该项目主要有五个任务：

1．制作打地鼠游戏静态界面。
2．类的继承的实现。
3．随机显示地鼠。
4．动态增加控件。
5．游戏计时与计分。

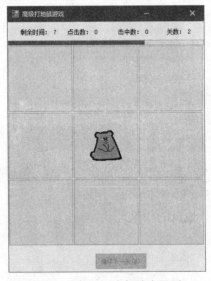

图 5-1　高级打地鼠游戏界面

【项目需求】

建议配置：主频 2.2 GHz 或以上的 CPU、1 GB 或更大容量的 RAM、分辨率为 1 280×1 024 像素的显示器、7 200 r/min 或更高转速的硬盘。

操作系统：Windows 7 或以上。

开发软件：Visual Studio 2012 中文版（含 MSDN）。

项目五　高级打地鼠游戏实现

 【相关知识点】

建议课时：10节课。

相关知识：类的继承；动态添加控件；委托与事件。

 【项目分析】

高级打地鼠游戏中，可以用按钮来模拟地鼠可能出现的位置，通过按钮上显示图片的改变来反映地鼠的位置，地鼠的位置按某个频率在一定的范围内随机出现。另外，游戏还可以计分，达到一定的分数可以到达下一关。制作高级打地鼠界面的主要步骤：

1. 制作打地鼠游戏静态界面。
2. 类的继承的实现。
3. 随机显示地鼠。
4. 动态增加控件效果的实现。
5. 游戏计时与计分。

任务一　制作打地鼠游戏静态界面

 【任务描述】（该任务的内容和目的）

新建项目，并在窗体上制作程序界面。

 【任务实施】（完成此任务所需要的主要步骤）

（1）新建一个Windows项目，在模板中选择"Windows窗体应用程序"，将项目名称设为"AdvancedBeatHamster"，位置设为"E:\CsharpApp\Examples"，如图5-2所示。

图5-2　新建项目设置界面

（2）设置该窗体属性，见表 5-1。

表 5-1 窗体属性

属　　性	取值/说明
Name	frmMain　　/窗体类名称
FormBorderStyle	FixedSingle /边框大小固定
MaximizeBox	False　　　　/无最大化框
MinimizeBox	False　　　　/无最小化框
Size	400,520　　　/窗体尺寸大小（宽，高）
StartPosition	CenterScreen /屏幕正中
Text	高级打地鼠游戏/窗口标题

（3）在窗体上添加 3 个 Panel 控件，自上而下分别命名为 pnlTop、pnlBody 和 pnlBottom，其 Dock 属性值依次为 Top、Fill 和 Bottom。在 pnlTop 上添加三个 Label 控件，Name 属性依次为：lblLeftTime（显示游戏剩余时间）、lblClickNum（显示鼠标单击数）、lblHitNum（显示击中地鼠数）和 lblLevel（显示当前关数）。在 pnlBottom 上添加一个 Button 控件，Name 属性设置为 btnStart。界面效果如图 5-3 所示。

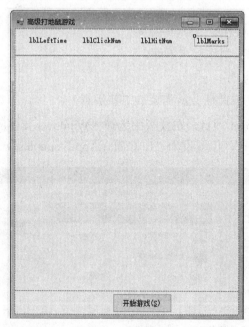

图 5-3　游戏界面

（4）将图片文件"png-1385.png""png-1386.png"复制到"E:\CsharpApp\Examples\AdvancedBeatHamster\AdvancedBeatHamster\bin\Debug"下。

（5）添加 ImageList 组件，选中 Images 属性，打开图像集合编辑器，添加 Debug 目录下的两种图片，如图 5-4 所示。结束添加图片时，单击"确定"按钮。然后将 ImageList 组件的

ImageSize 属性设置为：64,64。

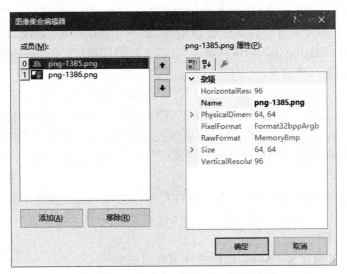

图 5-4　ImageList 组件 Images 属性设置

（6）调试运行程序，效果如图 5-5 所示。

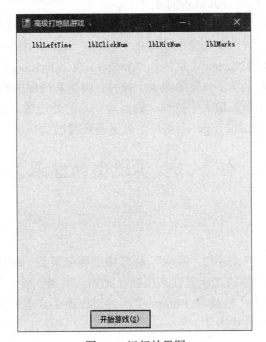

图 5-5　运行效果图

【理论知识】

ImageList 组件就是一个图像列表。一般情况下，这个属性用于存储一个图像集合，这些图像用作工具栏图标、Button 控件或者其他控件上的图标。许多控件都包含 ImageList 属性。这个属性一般和 ImageIndex 属性一起使用。ImageList 属性设置为 ImageList 组件的一个实例，

ImageIndex 属性设置为 ImageList 中应在控件中显示的图像的索引。使用 ImageIndex.Images 属性的 Add 方法可以把图像添加到 ImageList 组件中。Images 属性返回一个 ImageCollection。

ImageList 组件两个最常用的属性是 ImageSize 和 ColorDepth。ImageSize 使用 Size 结构作为其值。其默认值是 16×16，但可以取 1～256 之间的任意值。ColorDepth 使用 ColorDepth 枚举作为其值。颜色深度值可以为 4～32 位。

在介绍了 ImageList 组件后，顺便介绍下 Picturebox 控件。Windows 窗体的 PictureBox 控件用于显示位图（.bmp）、PNG、GIF、JPEG、图元文件（.wmf）或图标格式（.ico）的图片。显示的图片由 Image 属性确定，SizeMode 属性控制图像和控件彼此适合的方式。

PictureBox 控件的属性可在设计时设置或运行时用代码设置，那么，如何在设计时设置显示图片？

在窗体上绘制 PictureBox 控件。在"属性"窗口选择 Image 属性，单击省略号按钮显示"打开"对话框。如果要查找特定文件类型（如.gif 文件），在"文件类型"框中选择该类型，然后选择要显示的文件。

PictureBox 控件通过 SizeMode 属性选择下列显示方式：
① 将图片的左上角与控件的左上角对齐。
② 使图片在控件内居中。
③ 调整控件的大小以适合其显示的图片。
④ 拉伸所显示的图片以适合控件。拉伸图片（尤其是位图格式的图片）可能导致图像质量受损。图元文件（运行时绘制图像的图形指令列表）比位图更适合拉伸图片。

设置 SizeMode 属性为 Normal（默认）、AutoSize、CenterImage 或 StretchImage。Normal 表示图像放置在控件的左上角，如果图像大于控件，则剪裁图像的右下边缘。CenterImage 表示图像在控件内居中，如果图像大于控件，则剪裁图片的外边缘。AutoSize 表示将控件的大小调整为图像的大小。StretchImage 则相反，表示将图像的大小调整到控件的大小。

任务二 实现类的继承

【任务描述】

本次项目是用按钮控件来模拟"田地"。程序中需要记录某一时刻田地是否有地鼠出现的状态，可以利用 Button 控件的 Tag 属性来控制（比如，当 Tag 取 0 时，无地鼠；当 Tag 取 1 时，有地鼠）。本次任务中，将继承 Button 类，通过在派生类里增加新的属性的方式来记录某个时刻田地是否有地鼠的状态。

【任务实施】

在任务一的基础上，选择 Visual Studio 标题栏中的"项目"，然后选择"添加类"，如图 5-6 所示。

项目五　高级打地鼠游戏实现

图 5-6　添加类

选择"添加类",弹出如图 5-7 所示的对话框。选择"类",名称为"ClsButtonX.cs",然后单击"添加"按钮。

图 5-7　添加自定义类

ClsButtonX.cs 文件初始代码如下：
using System;
using System.Collections.Generic;
using System.Text;
namespace BeatMouse
{
　　class ClsButtonX :Button

```
        {
        }
}
```

由于 ClsButtonX 将从 Button 类派生，所以需要添加"using System.Windows.Forms;""class ClsButtonX"及":Button"。

然后将 ClsButtonX 补充如下：

```
class ClsButtonX :Button
{
    bool isMouse;
    public bool IsMouse
    {
        get
        {
            return isMouse;
        }
        set
        {
            isMouse = value;
        }
    }
}
```

提示/备注：这里对属性引入了 get 和 set 访问器，使用 set 访问器可以为数据成员赋值，使用 get 访问器可以检索数据成员的值。在 C#中，属性可以为公共数据成员提供便利，而又不会带来不受保护、不受控制及未经验证访问对象数据的风险，可通过"访问器"来实现的。

【理论知识】

属性是提供对对象或类的特性进行访问的成员，如字符串的长度、字体的大小、窗口的焦点、用户的名字等。属性是域的自然扩展。两者都是用相关类型成员命名的，并且访问域和属性的语法是相同的。然而，与域不同，属性不指示存储位置。作为替代，属性有存取程序，它指定声明的执行来对它们进行读或写。

属性是由属性声明定义的。属性声明的第一部分看起来和域声明相当相似。第二部分包括一个 get 存取程序和一个 set 存取程序。在下面的例子中，ButtonX 类定义了一个 Caption 属性。

```
public class ButtonX
{
    private string caption;
    public string Caption
    {
```

```
        get
        {
            return caption;
        }
        set
        {
            caption = value;
            Repaint();
        }
    }
}
```

像 Caption 属性一样可以读写的属性包括 get 和 set 存取程序。当属性的值要被读出时，会调用 get 存取程序；当要写属性值时，会调用 set 存取程序。在 set 存取程序中，属性的新值赋给一个名为 value 的隐含参数。

属性的声明是相对直截了当的，但是属性显示它自己的数值是在使用的时候，而不是在声明的时候。可以按照对域进行读写的方法来读写 Caption 属性：

```
ButtonX b = new ButtonX();
b.Caption = "ABC";          //set
string s = b.Caption;       //get
b.Caption += "DEF" ;        //get & set
```

【知识拓展】

C#中 get、set 的详细说明

get 是读取属性时进行的操作，set 是设置属性时进行的操作。定义一个属性时，如果只有 get，这个属性就是只读的。同样，如果只有 set，属性就是只写的，当然，只写的属性是没有任务意义的。假设类是一个银行，既能存钱，也能取钱。

```
private m_money;
private class bank()
{
    get
    {
        return m_money ;
    }
    set
    {
        m_money = value ;
    }
}
```

m_money 就像银行里的自动存取款机，你看不见里面的 money，但能使用 set（存钱）、get（取钱）。m_money 是一个私有字段，是分装在类中的，类以外的程序不能直接访问，类的 set 和 get 成员是外部程序访问类内部属性的唯一方法，就像去银行取钱，不能直接从银行的保险柜里拿到钱，而是银行营业人员把钱取出来再给你。

属性在调用者看来就像一个普通的变量，普通变量怎么用，它就怎么用，但作为类的设计者，可以利用属性来隐藏类中的一些字段，使外界只能通过属性来访问你的字段。可以通过属性来限制外界对你的字段的存取，就利用 get、set；如果想让用户随意存取你的字段，那么就实现 set 和 get；如果只想让用户读取字段，就只实现 get；若只想让用户写字段，就只实现 set。同时，还可以在 set 和 get 中对用户传递来的值进行一些验证工作，以确保你的字段将含有正确的值。比如：

```
private int a;
public int Index
{
    get
    {
        return a;
    }
    set
    {
        if (value>0) a=value;
        else     a=0;
    }
}
```

可以看出，get/set 有函数的特征。通过 get/set，可以：
① 隐藏组件或类内部的真实成员；
② 建立约束，比如，实现"有我没你"这种约束；
③ 响应属性变化事件。当属性变化时做某事，只要写在 set 方法里就行了。

可以用两种途径揭示类的命名属性：通过域成员或者通过属性。前者是作为具有公共访问性的成员变量而被实现的；后者并不直接回应存储位置，只是通过存取标志（accessors）被访问。当想读出或写入属性的值时，存取标志限定了被实现的语句。用于读出属性的值的存取标志记为关键字 get，而要修改属性的值的读写符标志记为 set。

任务三　随机显示地鼠

【任务描述】

打地鼠游戏难度之一就是地鼠在指定的范围内随机出现，本次任务将采用在按钮控件上显示地鼠图片的方式表示地鼠的位置。

【任务实施】

(1) 地鼠随机位置的产生。首先依然需要初始化一个随机类的实例,然后在指定的范围内产生随机数。本次任务引入了游戏等级的要求,由于游戏等级是变化的,导致"田地"数目也随之变化,故随机数的产生范围也是变化的。如下代码中,rnd.Next((guanNum+1)*(guanNum +1))就是这个意思。

```
int rndNum;
Random rnd = new Random();
rndNum = rnd.Next((guanNum + 1) * (guanNum + 1));
```

(2) 地鼠出现的时间间隔。采用 Timer 控件 tmrHamster,初始将 tmrHamster 控件的该属性设置为 300。

(3) 用图片的方式显示地鼠。可以利用 Button 控件的 image 属性来显示图片,本次任务中动态添加的控件是从 Button 类中派生出来,所以该控件也具有 image 属性。添加 tmrHamster 控件 Tick 事件的代码如下:

```
private void tmrHamster_Tick(object sender, EventArgs e)
{
    ((ClsButtonX)pnlBody.Controls[rdNum]).Image = null;
    ((ClsButtonX)pnlBody.Controls[rdNum]).IsMouse = false;
    //清除原来的地鼠的标记
    rdNum = rnd.Next((guanNum + 1) * (guanNum + 1));
    //产生新的地鼠的位置
    ((ClsButtonX)pnlBody.Controls[rdNum]).Image = imageList.Images[0];
    ((ClsButtonX)pnlBody.Controls[rdNum]).IsMouse = true;
    //在新位置设置地鼠标记
}
```

(4) 调试运行程序,效果如图 5-8 所示。

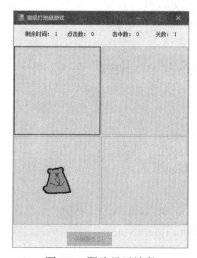

图 5-8 图片显示地鼠

任务四　动态增加"田地"

【任务描述】

随着游戏等级的提高，游戏中的"田地"数也要逐渐增多，这就要求游戏过程中派生出的按钮控件将能要按一定数量动态地添加到窗体中。

【任务实施】

（1）为体现代码的可读性及可维护性，可自定义方法，动态增加"田地"并添加到 Panel 控件 pnlBody 上。

```csharp
//生成新的游戏界面（动态增加控件）
private void GenMouseCell()
{
    pnlBody.Controls.Clear();          //先清除 pnlBody 上原有的控件
    for (int i = 0; i <= guanNum; i++)
        for (int j = 0; j <= guanNum; j++)
        {
            ClsButtonX btnMouse = new ClsButtonX();
            //初始化 ClsButtonX 的对象
            pnlBody.Controls.Add(btnMouse);
            //添加控件到 pnlBody 容器上
            btnMouse.Width = btnMouse.Height = cellSize;
            btnMouse.Top = j * cellSize;
            btnMouse.Left = i * cellSize;
            //指定 btnMouse 的大小及显示位置
            btnMouse.IsMouse = false;
            //默认为非地鼠状态
            btnMouse.Click += new EventHandler(buttonX_Click);
            //添加自定义事件
        }
}
```

（2）给控件添加自定义事件，并完成功能。

```csharp
private void btnStart_Click(object sender, EventArgs e)
{
    guanNum=Int32.Parse(tbNum.Text.ToString());
    cellSize = pnlBody.Width / (guanNum);
    GenMouseCell();                    //调用自定义方法，添加控件
```

}

> 提示/备注：为了使动态生成的控件能比较好地在 Panel 上排列，需要动态地控制控件的大小。这里用 pnlBody.Width 和 guanNum 来配合完成。当 guanNum 取值为 1 时，需要在 pnlBody 显示 4 个控件，该如何做？

任务五 增加游戏计时与积分

【任务描述】

本次任务在游戏计时的基础之上增加游戏积分的功能，达到一定积分时，就可以进入下一关继续游戏，达不到则继续进行本关游戏。

【任务实施】

（1）为增加可视性，本次任务同时引入了 ProgressBar 控件计时，如图 5-9 所示。

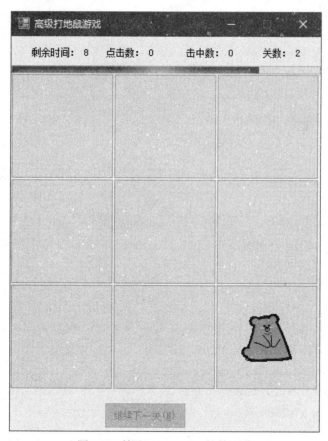

图 5-9 利用 ProgressBar 控件计时

设计代码如下：

```csharp
private ProgressBar pb;
private void frmMain_Load(object sender, EventArgs e)
{
    this.pb = new ProgressBar();
    this.pnlTop.Controls.Add(this.pb);
    this.pb.Dock = System.Windows.Forms.DockStyle.Bottom;
    this.pb.Size = new System.Drawing.Size(469, 10);
    this.pb.Step = 1;
    this.pb.TabIndex = 4;
}
```

（2）添加一个 Timer 控件，命名为 tmrTimeLeft，设置其 Interval 属性值为 1 000。
（3）添加 Tick 事件，代码如下：

```csharp
//游戏计时
private void tmrLeftTime_Tick(object sender, EventArgs e)
{
    time--;
    lblLeftTime.Text = "剩余时间：" + time.ToString();
    pb.Value = time;
    //初始滚动条的 Value 属性
    if (time == 0)
    {
        if (hitMouse * 10 > ClickNum)
        //若击中地鼠数大于鼠标总单击数的 1/10，则进入下一关
        {
            btnStart.Text = "继续下一关(&N)";
            guanNum++;
            lblMarks.Text = "关数：" + guanNum.ToString();
            cellSize = pnlBody.Width /( guanNum+1);
            //更改"田地"的尺寸
        }
        else
            btnStart.Text = "继续本关(&N)";
        tmrLeftTime.Enabled = false;
        tmrHamster.Enabled = false;
        btnStart.Enabled = true;
        pnlBody.Visible = false;
    }
}
```

4. 修改"开始"按钮的代码。

```csharp
private void btnStart_Click(object sender, EventArgs e)
{
    cellSize = pnlBody.Width / (guanNum + 1);
    //地鼠的尺寸
    time = 10;
    lblLeftTime.Text = "剩余时间：   " + time.ToString();
    ClickNum = 0;
    lblClickNum.Text = "单击数：   " + ClickNum.ToString();
    hitMouse = 0;
    lblHitNum.Text = "击中数：   " + hitMouse.ToString();
    lblMarks.Text = "关数：   " + guanNum.ToString();
    pb.Maximum = pb.Value = time;

    GenMouseCell();
    //调用方法生成新的游戏界面
    this.tmrLeftTime.Enabled = true;
    this.tmrHamster.Enabled = true;
    this.btnStart.Enabled = false;
    pnlBody.Visible = true;
}
```

【理论知识】

ProgressBar 控件是较常操作的状态的可视化表示。它指示用户正在进行某个操作，用户应等待。ProgressBar 控件工作时要设置 Minimum 和 Maximum 属性。这些属性对应于进度指示器的最左端（Minimum）和最右端（Maximum）。设置 Step 属性，以确定每次调用 PerformStep 方法时数值的增量。Value 属性返回 ProgressBar 的当前值。

提示/备注：请试一下，游戏界面同时出现两只地鼠并计时和积分。（为便于游戏，可适当更改地鼠出现的时间间隔）

【项目小结】

本项目在前一项目的基础之上，通过引入图片来显示地鼠的方式，完善打地鼠游戏的界面，并在此基础之上加以实现。同时，介绍了如何利用 Random 类产生随机数和定时器控件的属性、事件，并介绍了如何将二者结合起来完成某个任务。通过本项目的学习，应能掌握部分控件的基本属性与事件，训练程序设计思维。

【独立实践】

项目描述：

任务单

1	
2	
3	
4	
5	

任务一：_____

任务二：_____

任务三：_____

任务四：_____

任务五：_____

【思考与练习】

1. 可否利用 VS.net 提供的 Button 对象来达到本项目的效果？
2. 制作游戏程序"测测您的记忆力"，如图 5-10 所示。

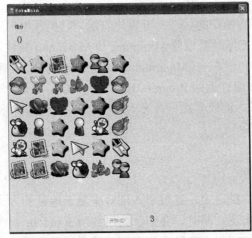

图 5-10 游戏程序"测测您的记忆力"界面

项目六

中国体彩"22选5"

有时一个偶然的机会可以成就一个财富或幸福的传奇。很多人都希望通过特殊渠道获得幸福；也有很多人希望摆脱一种平庸、秩序的生活，获得一种特殊的幸福。这就是博彩心理。博彩永远会存在，只是存在的形式不同而已。本项目将模拟体彩中的"22选5"的出奖过程。

【项目描述】

制作如图6-1所示的"22选5"的小软件，本项目主要有三个任务：
1．制作"22选5"的程序界面。
2．模拟出数字过程。
3．显示开奖结果。

图6-1 "22选5"的程序界面

【项目需求】

建议配置：主频2.2 GHz或以上的CPU、1 GB或更大容量的RAM、分辨率为1 280×1 024像素的显示器、7 200 r/min或更高转速的硬盘。
操作系统：Windows 7或以上。
开发软件：Visual Studio 2012中文版（含MSDN）。

【相关知识点】

建议课时：8节课。

- 73 -

相关知识：控件属性及事件、随机数类，以及数据排序算法。

【项目分析】

"22 选 5"电脑体育彩票（以下简称"22 选 5"）由国家体育总局体育彩票管理中心统一发行。购买"22 选 5"时，由购买者从 01 到 22 共 22 个号码中选取 5 个不重复的号码作为一注进行投注。制作"22 选 5"小软件的主要步骤如下：

1. 制作"22 选 5"的程序界面。
2. 模拟出数字过程并显示。
3. 显示开奖结果。

任务一　制作"22 选 5"的程序界面

【任务描述】

新建项目，并在窗体上制作程序界面。

【任务实施】

（1）新建一个 Windows 项目，在模板中选择"Windows 窗体应用程序"，将项目名称设为"Choose5in22"，位置设为"E:\CsharpApp\Examples"（或其他位置），如图 6-2 所示。

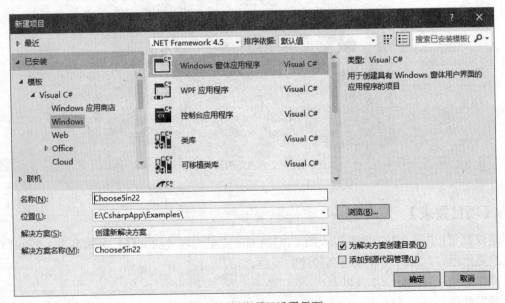

图 6-2　新建项目设置界面

（2）设置该窗体属性，见表 6-1。

表 6-1　窗体属性设置

属　　性	属性取值	说　　明
Name	frmMain	窗体类名称
FormBorderStyle	None	边框大小固定
BackgroundImage	bg.jpg	设置 bg.jpg 为背景
BackgroundImageLayout	Stretch	背景图像布局选择 Stretch
Size	550,400	窗体尺寸大小（宽，高）
StartPosition	CenterScreen	屏幕正中
Text	体彩"22 选 5"	窗口标题

（3）在 Visual Studio 2012 的主界面，系统提供了一个默认的窗体。通过工具箱向其中添加各种控件来设计应用程序的界面。具体操作是，用鼠标按住工具箱需要添加的控件，然后拖放到窗体中即可。各控件主要属性见表 6-2。

表 6-2　控件主要属性

控件名称	控件类型	属　　性	属性取值	说　　明
lblName	Label	BackColor	Transparent	背景透明
		Font	华文行楷，24pt	字体设置
		Text	全国联网电脑体育彩票"22 选 5"	显示文字
lblBall	Label	BackColor	Transparent	背景透明
		Text	出球顺序	显示文字
pnlSequence/pnlResult	Panel	BackColor	Transparent	背景透明
		BorderStyle	None	无边框
lblResult	Label	BackColor	Transparent	背景透明
		Text	出球顺序	显示文字
pbB1~pbB10	PictureBox	BackColor	Transparent	背景透明
		BackgroundImageLayout	Zoom	布局 Zoom
		Size	66, 68	尺寸大小
pbStart	PictureBox	BackColor	Transparent	背景透明
		BackgroundImageLayout	Zoom	布局 Zoom
		Cursor	Hand	鼠标样式
		Size	120, 120	尺寸大小
		toolTip1 上的 toolTip	开始吧！	提示文字
pbClose	PictureBox	BackColor	Transparent	背景透明
		BackgroundImageLayout	Zoom	布局 Zoom
		Size	20, 20	尺寸大小
toolTip	ToolTip	Name	toolTip	控件名称

窗体最终布局效果如图 6-3 所示。

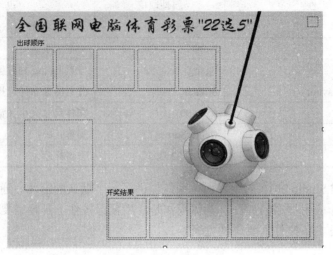

图 6-3　窗体最终布局效果图

（4）为达到图 6-1 所示的效果，需要设计如下代码。

```csharp
public partial class frmMain: Form
{
    Random rnd = new Random();
    int rndNum;

    Image[] imges=new Image[22];
    List<int> ball = new List<int>();
    int position,position2;

    Point mousePoint;

    public frmMain()
    {
        InitializeComponent();

        for (int i = 0; i < 22; i++)
            imges[i] = Image.FromFile(Application.StartupPath + @"\images\" + (i + 1) + ".png");

        foreach(PictureBox pb in pnlSequence.Controls)
            pb.BackgroundImage = Image.FromFile(Application.StartupPath + @"\images\" + "ring.png");
```

```
            foreach (PictureBox pb in pnlResult.Controls)
                pb.BackgroundImage = Image.FromFile(Application.StartupPath + @"\images\" + "ring.png");

            pbStart.BackgroundImage = Image.FromFile(Application.StartupPath + @"\images\" + "mouse.png");

            pbClose.BackgroundImage = Image.FromFile(Application.StartupPath + @"\images\" + "close.png");
        }
    }
```

提示/备注：也可以利用 PictureBox 控件的 Image 属性来显示图片。

（5）为 pbStart 控件添加动感效果。程序运行后，鼠标移动到 pbStart 控件上，该控件会产生动态效果。为达到这个效果，可以添加 pbStart 控件的 MouseEnter 和 MouseLeave 事件来配合完成。

```
private void pbStart_MouseEnter(object sender, EventArgs e)
{
    pbStart.Top -= 1;
    pbStart.Left -= 1;
}

private void pbStart_MouseLeave(object sender, EventArgs e)
{
    pbStart.Top += 1;
    pbStart.Left += 1;
}
```

提示/备注：若要产生 picStart 控件的尺寸也会变化的动感效果，应如何实现？

（6）移动窗体。本项目中，窗体没有标题栏，这样就存在一个问题：如何移动窗体？答案就是通过窗体的 MouseMove 和 MouseDown 事件配合来完成。

```
private void frmMain_MouseDown(object sender, MouseEventArgs e)
{
    if (e.Button == MouseButtons.Left)
    {
        //获取鼠标在产生鼠标事件时相对于窗体的 X,Y 坐标
        mousePoint.X = e.X;
        mousePoint.Y = e.Y;
    }
}
```

```
private void frmMain_MouseMove(object sender, MouseEventArgs e)
{
    //判断鼠标按键是否左键
    if (e.Button == MouseButtons.Left)
    {
        //Control.MousePosition.X 获取鼠标光标相对于屏幕的 X 坐标
        this.Left = Control.MousePosition.X - mousePoint.X;
        //设置窗体的 Left 和 Top 值
        this.Top = Control.MousePosition.Y - mousePoint.Y;
    }
}
```

【理论知识】

PictureBox 控件

PictureBox 控件用于显示图像。图像可以是 BMP、JPEG、GIF、PNG、元文件或图标。PictureBox 控件的属性可在设计时设置或运行时用代码设置。

在设计时设置显示图片：在窗体上绘制 PictureBox 控件，在"属性"窗口选择 Image 属性，单击省略号按钮，显示"打开"对话框。如果要查找特定文件类型（如.gif 文件），在"文件类型"框中选择该类型，然后选择要显示的文件。

SizeMode 属性使用 PictureBoxSizeMode 枚举确定图像在控件中的大小和位置。SizeMode 属性可以是 AutoSize、CenterImage、Normal 和 StretchImage。

① Normal：将图片的左上角与控件的左上角对齐。
② CenterImage：使图片在控件内居中。
③ AutoSize：调整控件的大小以适合其显示的图片。
④ StretchImage：拉伸所显示的图片以适合控件。

要加载 PictureBox，首先创建一个基于 Iamge 的对象。例如，要把 JPEG 文件加载到 PictureBox 中，需要编写如下代码：

Bitmap myJpeg = new Bitmap(" mypic.jpg");
pictureBox1.Image= (Image) myJpeg;

注意：需要转换回 Image 类型，因为这是 Image 属性所要求的。

任务二　模拟出数字过程并显示

【任务描述】

模拟数字出现过程，动态显示数字的滚动，利用图片显示数字。

【任务实施】

(1) 添加 Timer 控件 tmrShowNumber,设置 Interval 属性为 10,添加 Tick 事件如下。
```
private void tmrShowNumber_Tick(object sender, EventArgs e)
{
    rndNum = rnd.Next(1, 23);
    //position 用来标记具体的 PictureBox,并动态改变其显示的数字图片
    pnlSequence.Controls[position].BackgroundImage = imges[rndNum - 1];
}
```
(2) 添加 Timer 控件 tmrSequence,设置 Interval 属性为 1000,添加 Tick 事件如下。
```
private void tmrSequence_Tick(object sender, EventArgs e)
{
    if (!ball.Contains(rndNum))
    {
        //若所选数字跟已选数字不重复,则添加到 ball 中
        ball.Add(rndNum);
        //已选数字个数自增
        position++;
    }
    //position=5 的时候,说明 5 个数字已经选择完成
    if (position == 5)
    {
        tmrSequence.Enabled = tmrShowNumber.Enabled = false;
        ball.Sort();
        timer3.Enabled = true;
    }
}
```

提示/备注:在选择五个数字时,不能有重复的数字出现,这个是学习者需要考虑的。

【理论知识】

1. C#泛型编程之 List

本次任务使用了 List。List 表示可通过索引访问的对象的强类型列表。其提供用于对列表进行搜索、排序和操作的方法。List 类是 ArrayList 类的泛型等效类,该类使用大小可按需动态增加的数组实现 IList 泛型接口。

2. List 的初始化

list<string> test=new list<string>();
//定义一个空的 List,这个空的 List 在默认情况下是不排序的。
test.add("TT");

test.capability 属性代表获取或设置该内部数据结构，在不调整大小（调整大小可以使用 TrimExcess 方法）的情况下能够保存的元素总数。Capacity 是 List 在需要调整大小之前可以存储的元素数，Count 则是 List 中实际存储的元素数。

```csharp
using System;
using System.Collections.Generic;
using System.Text;
namespace testList
{
    class Program
    {
        static void Main(string[] args)
        {
            List<string> testlist = new List<string>();
            testlist.Add("shen");
            testlist.Add("yuan");
            testlist.Add("gong");
            Console.WriteLine("the capability of testlist is \"{0}\"", testlist.Capacity);
            Console.WriteLine("the count of the testList is \"{0}\"", testlist.Count);
            foreach (string w in testlist)
            {
                Console.Write(w + " ");
            }
            Console.Write("the list contains \"{0}\"", testlist.Contains("shen"));
            testlist.Insert(0, "hello");
            Console.WriteLine();
            foreach (string w in testlist)
            {
                Console.Write(w + " ");
            }
            Console.WriteLine();
            Console.WriteLine("testList[3]=\"{0}\"", testlist[3]);
            Console.WriteLine();
            testlist.Remove("hello");
            foreach (string w in testlist)
            {
                Console.Write(w + " ");
            }
            Console.Write("the capability of the list is \"{0}\"", testlist.Capacity);
            Console.Write("the count of the list is \"{0}\"", testlist.Count);
```

```
            testlist.TrimExcess();
            Console.WriteLine();
            Console.Write("the capability of the list is \"{0}\"", testlist.Capacity);
            Console.Write("the count of the list is \"{0}\"", testlist.Count);
            testlist.Sort();
            foreach (string w in testlist)
            {
                Console.Write(w + " ");
            }
        }
    }
}
```

任务三 显示开奖结果

【任务描述】

开奖结果中的五个数字将按升序排列的方式给出。

【任务实施】

（1）添加 Timer 控件 tmrShowResult，设置 Interval 属性为 100。

（2）添加 tmrShowResult 控件 Tick 事件如下：

```
private void tmrShowResult_Tick(object sender, EventArgs e)
{
    //调用 Sort 方法从小到大将选出的 5 个数字排序
    ball.Sort();
    //依次用对应的数字图片初始化 5 个 pictureBox
    pnlResult.Controls[position2].BackgroundImage = imges[ball[position2] - 1];
    position2++;
    if (position2 == 5)
    {
        tmrShowResult.Enabled = false;
        pbStart.Enabled = true;
    }
}
```

提示/备注：各个 Timer 控件的配合使用是比较重要的，学习者要仔细体会。

【理论知识】

排序算法一直是程序员需要掌握的基本知识，本次任务中并没有使用排序算法，但在此还是要给出 C#中的一些基本排序算法，供学习者参考。

```csharp
//选择排序
class SelectionSorter
{
    private int min;
    public void Sort(int[] arr)
    {
        for (int i = 0; i < arr.Length - 1; ++i)
        {
            min = i;
            for (int j = i + 1; j < arr.Length; ++j)
            {
                if (arr[j] < arr[min])
                    min = j;
            }
            int t = arr[min];
            arr[min] = arr[i];
            arr[i] = t;
        }
    }
    static void Main(string[] args)
    {
        int[] array = new int[] { 1, 5, 3, 6, 10, 55, 9, 2, 87, 12, 34, 75, 33, 47 };
        SelectionSorter s = new SelectionSorter();
        s.Sort(array);
        foreach (int m in array)
            Console.WriteLine("{0}", m);
    }
}
//冒泡排序
class EbullitionSorter
{
    public void Sort(int[] arr)
    {
        int i, j, temp;
```

```csharp
            bool done = false;
            j = 1;
            while ((j < arr.Length) && (!done))//判断长度
            {
                done = true;
                for (i = 0; i < arr.Length - j; i++)
                {
                    if (arr[i] > arr[i + 1])
                    {
                        done = false;
                        temp = arr[i];
                        arr[i] = arr[i + 1];//交换数据
                        arr[i + 1] = temp;
                    }
                }
                j++;
            }
        }
        static void Main(string[] args)
        {
            int[] array = new int[] { 1, 5, 3, 6, 10, 55, 9, 2, 87, 12, 34, 75, 33, 47 };
            EbullitionSorter e = new EbullitionSorter();
            e.Sort(array);
            foreach (int m in array)
                Console.WriteLine("{0}", m);
        }
    }
}
//快速排序
class QuickSorter
    {
        private void swap(ref int l, ref int r)
        {
            int temp;
            temp = l;
            l = r;
            r = temp;
        }
        public void Sort(int[] list, int low, int high)
        {
```

```csharp
            int pivot;              //存储分支点
            int l, r;
            int mid;
            if (high <= low)
                return;
            else if (high == low + 1)
            {
                if (list[low] > list[high])
                    swap(ref list[low], ref list[high]);
                return;
            }
            mid = (low + high) >> 1;
            pivot = list[mid];
            swap(ref list[low], ref list[mid]);
            l = low + 1;
            r = high;
            do
            {
                while (l <= r && list[l] < pivot)
                    l++;
                while (list[r] >= pivot)
                    r--;
                if (l < r)
                    swap(ref list[l], ref list[r]);
            } while (l < r);
            list[low] = list[r];
            list[r] = pivot;
            if (low + 1 < r)
                Sort(list, low, r - 1);
            if (r + 1 < high)
                Sort(list, r + 1, high);
        }
        static void Main(string[] args)
        {
            int[] iArrary = new int[] { 1, 5, 3, 6, 10, 55, 9, 2, 87, 12, 34, 75, 33, 47 };
            QuickSorter q = new QuickSorter();
            q.Sort(iArrary, 0, 13);
            for (int m = 0; m <= 13; m++)
                Console.WriteLine("{0}", iArrary[m]);
```

```csharp
    }
}
//插入排序
public class InsertionSorter
{
    public void Sort(int[] arr)
    {
        for (int i = 1; i < arr.Length; i++)
        {
            int t = arr[i];
            int j = i;
            while ((j > 0) && (arr[j - 1] > t))
            {
                arr[j] = arr[j - 1];            //交换顺序
                --j;
            }
            arr[j] = t;
        }
    }
    static void Main(string[] args)
    {
        int[] array = new int[] { 1, 5, 3, 6, 10, 55, 9, 2, 87, 12, 34, 75, 33, 47 };
        InsertionSorter i = new InsertionSorter();
        i.Sort(array);
        foreach (int m in array)
            Console.WriteLine("{0}", m);
    }
}
//希尔排序
public class ShellSorter
{
    public void Sort(int[] arr)
    {
        int inc;
        for (inc = 1; inc <= arr.Length / 9; inc = 3 * inc + 1) ;
        for (; inc > 0; inc /= 3)
        {
            for (int i = inc + 1; i <= arr.Length; i += inc)
            {
```

```csharp
                    int t = arr[i - 1];
                    int j = i;
                    while ((j > inc) && (arr[j - inc - 1] > t))
                    {
                        arr[j - 1] = arr[j - inc - 1];        //交换数据
                        j -= inc;
                    }
                    arr[j - 1] = t;
                }
            }
        }
        static void Main(string[] args)
        {
            int[] array = new int[] { 1, 5, 3, 6, 10, 55, 9, 2, 87, 12, 34, 75, 33, 47 };
            ShellSorter s = new ShellSorter();
            s.Sort(array);
            foreach (int m in array)
                Console.WriteLine("{0}", m);
        }
    }
```

【项目小结】

通过本项目，学生能学习到 Windows 窗体和常用控件的基本属性，深刻理解随机数和多个定时器控件的综合运用，了解 C#实现的经典排序算法。

【独立实践】

项目描述：

任务单

1	
2	
3	

任务一：_____

任务二：_____

任务三：_____

【思考与练习】

开发模拟购买彩票的系统，要求可选择多注。

项目七

公民身份证号码生成与查询

目前国内不少邮箱、网盘等申请时要求填写身份证号码，而用户又不想公开自己的真实信息，从而需要一个相对"真实"的身份证号码。

【项目描述】

制作如图7-1所示的身份证号码生成与查询系统，本项目主要有三个任务：
1. 制作项目界面（包括数据绑定）。
2. 身份证号码生成。
3. 身份证号码验证与解读。

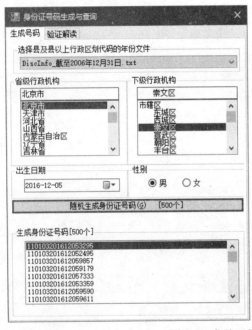

图7-1 身份证号码生成与查询界面

【项目需求】

建议配置：主频2.2 GHz或以上的CPU、1 GB或更大容量的RAM、分辨率为1 280×1 024像素的显示器、7 200 r/min或更高转速的硬盘。

操作系统：Windows 7或以上。

开发软件：Visual Studio 2012中文版（含MSDN）。

项目七 公民身份证号码生成与查询

【相关知识点】

建议课时：10节课。

相关知识：控件属性与事件、随机数类、控件数据绑定及读文件等。

【项目分析】

身份证号码生成与查询系统包含身份证号码生成和身份证号码查询两大功能。中国公民的身份证号码的编制是有规则的，在生成和查询身份证号码时，必须要遵守这个规则。另外，需要说明的是，《中华人民共和国居民身份证法》规定，伪造、变造居民身份证属违法行为。本软件只为教学使用，学习者不能乱用此软件生成号码，不能将生成的号码用于网上购物、网上交易和虚拟财产买卖，否则后果自付。制作身份证号码生成与查询系统的主要步骤如下：

1. 制作项目界面。
2. 身份证号码生成。
3. 身份证号码验证与解读。

任务一 制作项目界面

【任务描述】

新建项目，并在窗体上制作程序界面。

【任务实施】

（1）新建一个 Windows 项目，在模板中选择"Windows 窗体应用程序"，将项目名称设为"IDCard"，位置设为"E:\CsharpApp\Examples"（或其他位置），如图 7-2 所示。

图 7-2 新建项目设置界面

（2）设置该窗体属性，见表7-1。

表 7-1 窗体属性设置

属　　性	取值/说明	
Name	frmMain	/窗体类名称
FormBorderStyle	FixedSingle	/边框大小固定
MaximizeBox	False	/无最大化框
MinimizeBox	False	/无最小化框
Size	400,500	/窗体尺寸大小（宽，高）
StartPosition	CenterScreen	/屏幕正中
Text	身份证号码生成与查询	/窗口标题

（3）从图 7-1 可以看出，项目中采用了分页控件来使项目界面更紧凑。在窗体上添加 TabControl 控件，name 属性为 tcIDCard。单击 TabPages 属性，添加两个 tabPage 页，其 Text 属性分别设置为"生成号码"和"验证解读"，如图 7-3 所示。

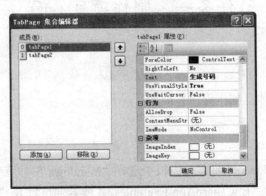

图 7-3 设置 TabPage 控件的 TabPages 属性

设置完毕，单击"确定"按钮就把分页效果做好了，如图 7-4 所示。

图 7-4 加入 TabControl 控件效果图

（4）分别点选 tabPage1（生成号码）页和 tabPage2（验证解读）页，选择合适的控件并布局，效果可参考图 7-1，部分控件及属性可参考表 7-2 和图 7-5。

表 7-2　部分控件及属性设置

控件名称	控件类型	属　　性	属性取值	说　　明
cbYear	ComboBox	DropDownStyle	DropDownList	组合框外观
cbProvince	ComboBox	DropDownStyle	Simple	组合框外观
cbCities	ComboBox	DropDownStyle	Simple	组合框外观
dtpBirth	DateTimePicker	Format	Custom	以自定义格式显示日期和时间
		CustomFormat	yyyy-MM-dd	自定义格式
rbMan	RadioButton	Text	男	显示文本
		CheckAlign	MiddleLeft	复选框位置
		Checked	True	初始选中
rbWoman	RadioButton	Text	女	显示文本
		CheckAlign	MiddleLeft	复选框位置
		Checked	False	初始不选中
cmsC	ContextMenuStrip	Items		详见图 7-5
lbID	ListBox	ContextMenuStrip	cmsC	与控件关联的快捷菜单
btnGenID	Button	Text	随机生成身份证号码(&G)(500 个)	显示文本
tbVerification	TextBox	Size	260, 20	尺寸
lbCardInfo	ListBox	Visible	True	初始可见

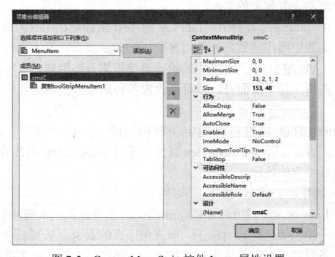

图 7-5　ContextMenuStrip 控件 Items 属性设置

最终布局效果如图 7-6 所示。

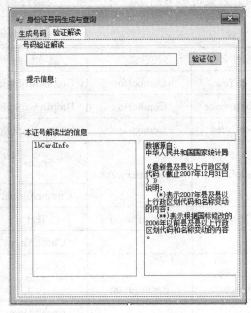

图 7-6　最终布局效果图

【控件介绍】

1. TabControl 控件

TabControl 允许把相关的组件组合到一系列 Tab 页面上。TabControl 管理 TabPages 集合。有几个属性可以控制 TabControl 的外观。Appearance 属性使用 TabAppearance 枚举确定 Tab 的外观。其值是 FlatButtons、Buttons 或 Normal。Multiline 属性的值是一个布尔值，确定是否显示多行 Tab。如果 Multiline 属性设置为 False，而有多个 Tab 不能一次显示出来，就提供一组箭头，允许用户滚动查看剩余的 Tab。

在 TabControl 的 TabPages 集合中，TabPage 的 Text 属性是在 Tab 上显示的内容。Text 属性也在重写的构造函数中用作参数。一旦创建了 TabPage 页，它基本上就是一个容器控件，用于放置其他控件。Visual Studio .NET 中的设计器使用集合编辑器，很容易给 TabControl 控件添加 TabPage。在添加每个页面时，都可以设置各种属性。接着把其他子控件拖放到每个 TabPage 控件上。

通过查看 SelectedTab 属性可以确定当前的 Tab。每次选择新 Tab 时，都会引发 SelectedIndex 事件。通过监听 SelectedIndex 属性，再用 SelectedTab 属性确认当前 Tab，就可以根据每个 Tab 进行特定的处理。

2. ComboBox 控件和 ListBox 控件

ComboBox 和 ListBox 都派生于 ListControl 类。这个类提供了一些基本的列表管理功能。SelectedIndex 返回一个整数值，它对应于当前选中项目的索引。从列表中获取值有点困难，在给列表控件添加条目时，不仅可以添加字符串值，还可以添加任意类型的对象。如果要添加的条目不是字符串，就必须设置另外两个属性：一个是 DisplayMember 属性，这个设置告诉 ListControl 在列表中显示对象的哪个属性；另一个是 ValueMember 属性，它是要返回值的对象属性。例如，如果要使用 Country 对象，它包含两个属性 CountryName 和 CountryAbbreviation，就应把 DisplayMember 设置为 CountryName 属性，把 ValueMember 设置为 CountryAbbreviation。在显示列表时，就会看到国家名称的列表，在使用 SelectedValue 属性时，控件应返回列表中所选中国家的简称。

如果访问 Items 属性，就可以得到 Country 对象。Items 属性在控件上执行。在 ListBox 控件上，Items 属性返回 ListBox.ObjectCollection。这是一个可以通过索引器引用的对象集合。所以，要获取对象（不是 ValueMember，而是对象本身），就可以使用下面的代码：

obj = listBox1.Items[listBox1. SelectedIndex];

ComboBox 的 Items 属性返回 ComboBox.ObjectCollection。ComboBox 组合了编辑控件和列表框，通过把一个 DropDownStyle 枚举值传送给 DropDownStyle 属性，就可以设置 ComboBox 的样式。表 7-3 列出了 DropDownStyle 的各个值。

表 7-3 **DropDownStyle** 取值说明

值	说 明
DropDown	组合框的文本部分是可以编辑的，用户可以输入值。用户必须单击箭头按钮，才能显示列表
DropDownList	文本部分不能编辑。用户必须从列表中选择
Simple	类似于 DropDown，但列表总是可见的

如果列表中的值比较宽，可以使用 DropDownWidth 属性改变控件下拉部分的宽度。MaxDropDownItems 属性设置在显示列表的下拉部分时的最大项目数。

FindString 和 FindStringExact 方法是列表控件的另外两个有用的方法。FindString 在列表中查找以传入字符串开头的第一个字符串。FindStringExact 查找与传入字符串匹配的第一个字符串。它们都返回找到的值的索引，如果没有找到，就返回-1。它们还可以将要搜索的起始索引整数作为参数。

在列表控件中，最常用的事件是 SelectedIndexChanged 和 SelectedValueChanged。这些事件是在用户从列表中选择新条目时发生。在列表中选择了新条目后，就可以修改窗体的其他方面，以匹配新选中的条目。例如，使用 Country 列表，如果用户从列表中选择了一个新国家，就可以显示该国家的地图图像。

3. DateTimePicker 控件

DateTimePicker 允许用户在许多不同的格式中选择一个日期或时间值（或两者）。可以任何标准时间日期格式显示基于 DateTime 的值。Format 属性带一个 DateTimePickerFormat 枚举，它可以把格式设置为 Long、Short、Time 或 Custom。如果 Format 属性设置为 DateTimePicker-Format.Custom，就可以把 CustomFormat 属性设置为表示格式的字符串。

DateTimePicker 还包含 Text 属性和 Value 属性。Text 属性返回 DateTime 值的文本表示，Value 属性返回 DateTime 对象。还可以用 MinDate 和 Maxdate 属性设置日期所允许的最大值和最小值。

在用户单击向下箭头时，会显示一个日历，允许用户选择日历中的一个日期。

DateTimePicker 还包含一些属性，这些属性允许设置标题、月份背景色和前景色，改变日期的外观。

ShowUpDown 属性确定控件上是否显示 UpDown 箭头。单击向上或向下箭头就可以改变当前突出显示的值。

4．RadioButton 控件

RadioButton（单选按钮）一般用作一个组，有时称为选项按钮。单选按钮允许用户从几个选项中选择一个。当同一个容器中有多个 RadioButton 控件时，一次只能选择一个按钮。所以，如果有 3 个选项，例如 Red、Green 和 Blue，如果 Red 选项被选中，而用户单击 Blue，则 Red 会自动取消选中。

Appearance 属性使用 Appearance 枚举值，即 Button 或 Normal。当选择 Normal 时，单选按钮看起来像一个小圆圈，在它的旁边有一个标签。选择按钮，会填充圆圈，选择另一个按钮，会取消对当前选中按钮的选择，使圆圈为空。当选中 Button 时，RadioButton 控件看起来像一个标准按钮，但工作方式类似于开关。选中是指焦点在位置中，取消选中是指正常状态或焦点在位置外。

CheckedAlign 属性确定圆圈与标签文本的相对位置，它可以在标签的顶部、左右两边或下方。只要 Checked 属性的值改变，就会引发 CheckedChanged 事件。这样就可以根据控件的新值执行其他动作。

提示/备注：组合框的 DisplayMember 和 ValueMember 两个属性在实际应用中有着重要地位，请仔细理解体会。接下来的任务中将运用此属性。

任务二　生成身份证号码

【任务描述】

身份证号码的生成是有一定规则的。第二代身份证编码由 17 位数字本体码和 1 位校验码组成。排列顺序从左至右依次为：6 位数字地址码，8 位数字出生日期码，3 位数字顺序码和 1 位校验码，可以用字母表示为 ABCDEFYYYYMMDDXXXR。其含义如下：

（1）地址码（ABCDEF）：表示编码对象常住户口所在县（市、旗、区）的行政区划代码，按规定执行。本任务中，将以文本文件的形式按一定格式排列给出。

（2）出生日期码（YYYYMMDD）：表示编码对象出生的年、月、日，年、月、日分别用 4 位、2 位（不足两位加 0）、2 位（不是两位加 0）数字表示，之间不用分隔符。

（3）顺序码（XXX）：表示在同一地址码所标识的区域范围内，对同年、同月、同日出生的人编定的顺序号。顺序码的奇数分配给男性，偶数分配给女性。

（4）校验码（R）：一位数字，通过前 17 位数字根据一定计算得出。

【任务实施】

1．行政区域数据绑定

（1）搜索可用的文件（后缀.txt），代码如下：

```csharp
//自定义方法，用于检索行政区域划分的文件
private FileInfo[] SearchFiles(string sFileName)
{
    DirectoryInfo dir = new DirectoryInfo(Environment.CurrentDirectory);
    FileInfo[] fsi = dir.GetFiles(sFileName);
    return fsi;
    //可能存在多个文件可以选择，故引入了数组
}
private void frmIDCard_Load(object sender, EventArgs e)
{

    cbYear.DataSource = SearchFiles("*.txt");
    cbYear.DisplayMember = "Name";
    cbYear.ValueMember = "FullName";
    //方法调用，填充 cbYear 组合框
}
```

（2）自定义类 clsAdministrativeDivisionsCode，此类的目的是封装两个属性，代码如下：

```csharp
class clsAdministrativeDivisionsCode
{
    private string adCode;
    private string adName;
    public clsAdministrativeDivisionsCode(string code, string name)
    {
        adCode = code;
        adName = name;
    }
    public string AdCode
    {
        get
        {
            return adCode;
        }
        set
        {
            adCode = value;
        }
    }
    public string AdName
    {
```

```
            get
            {
                return adName;
            }
            set
            {
                adName = value;
            }
        }
    }
```

（3）填充行政区域组合框。

```
List<clsAdministrativeDivisionsCode> provinceCode = new List<clsAdministrativeDivisions
Code>(); List<clsAdministrativeDivisionsCode> cityCode = new List<clsAdministrativeDivisions
Code>();
//定义 clsAdministrativeDivisionsCode 类型的 List 变量
//自定义方法，从文件中读取并存储所有的区域信息
private void GetDiscInfo(string sFilenName)
{
    if (File.Exists(sFilenName))
    {
        using (StreamReader sr = new StreamReader(Environment.CurrentDirectory + @"\" +
sFilenName, Encoding.Default))
        {
            string sLine = string.Empty;
            Regex re = new Regex(@"[\s]{1,}", RegexOptions.Compiled);
            //正则表达式
            while (!sr.EndOfStream)
            {
                sLine = sr.ReadLine();
                sLine = re.Replace(sLine, " ");
                string[] sTemp = sLine.Split(new char[] { ' ' });
                if (sTemp[0].EndsWith("0000"))
                {
                    provinceCode.Add(new   clsAdministrativeDivisionsCode(sTemp[0],
sTemp[1]));
                }
                else
                {
```

```
                    if (sTemp[0].EndsWith("00"))
                            cityCode.Add(new    clsAdministrativeDivisionsCode(sTemp[0],
sTemp[1]));
                        else
                            if (sTemp[1].EndsWith("市辖区"))
                                cityCode.Add(new   clsAdministrativeDivisionsCode(sTemp[0],
"    " + sTemp[1]));
                            else
                                cityCode.Add(new    clsAdministrativeDivisionsCode(sTemp[0],
"    " + sTemp[1]));
                    }
                }
                sr.Close();
                sr.Dispose();
            }
        }
        else
        {
            MessageBox.Show(" 文 件 {0} 不 存 在 !", " 请 注 意 ", MessageBoxButtons.OK,
MessageBoxIcon.Warning);
        }
    }
```

改写 frmIDCard_Load 事件如下：

```
private void frmIDCard_Load(object sender, EventArgs e)
{
cbYear.DataSource = SearchFiles("*.txt");
    cbYear.DisplayMember = "Name";
    cbYear.ValueMember = "FullName";
    //方法调用，填充 cbYear 组合框
    GetDiscInfo(cbYear.SelectedItem.ToString());
    //调用自定义方法
    cbProvince.DataSource = provinceCode;
    cbProvince.DisplayMember = "AdName";
    cbProvince.ValueMember = "AdCode";
    cbProvince.SelectedIndex = -1;
    //填充省级区域列表框
}
```

（4）当所选省级行政机构变化时，下级行政机构组合框能动态正确显示。这个功能可以通过 cbProvince 的 SelectedIndexChanged 事件完成，代码如下：

```
private void cbProvince_SelectedIndexChanged(object sender, EventArgs e)
{
    if (cbProvince.SelectedValue != null)
    {
        List<clsAdministrativeDivisionsCode> tempCity = new List<clsAdministrativeDivisionsCode>();
        foreach (clsAdministrativeDivisionsCode temp in cityCode)
        //同一个省级行政机构中的各市区县行政代码的前两位都是一样的
        if (cbProvince.SelectedValue.ToString().Substring(0, 2) == temp.AdCode.Substring(0, 2))
            tempCity.Add(temp);
        //选择该省级机构所包含的各市区县，并添加到 tempCity 中
        if (tempCity != null)
        {
            cbCities.DataSource = tempCity;
            cbCities.DisplayMember = "AdName";
            cbCities.ValueMember = "AdCode";
            //绑定数据到 cbCities 上
        }
    }
}
```

2．随机生成 500 个所属行政区域的身份证号

（1）生成身份证号的最后一位校验码是本次任务的一个难点，下面介绍校验码的生成步骤：

校验码是通过一系列数学计算得出来的，具体校验的计算方式如下：

① 对前 17 位数字本体码加权求和。

公式为：

$$S = Sum(Ai * Wi), i = 0, \cdots, 16$$

其中，Ai 表示第 i 位置上的身份证号码数字值；Wi 表示第 i 位置上的加权因子，其各位对应的值依次为：

$$7\ 9\ 10\ 5\ 8\ 4\ 2\ 1\ 6\ 3\ 7\ 9\ 10\ 5\ 8\ 4\ 2$$

通俗解释：身份证第一位数字 X7+第二位 X9+第三位 X10+第四位 X5+第五位 X8+第六位 X4+第七位 X2+第八位 X1+第九位 X6+第十位 X3+第十一位 X7+第十二位 X9+第十三位 X10+第十四位 X5+第十五位 X8+第十六位 X4+第十七位 X2；计算出总和（用 S 表示）。

② 以 11 对计算结果取模。

$$Y = mod(S, 11)$$

通俗解释：用 S 除以 11，看最后的余数。如果除尽，为 0；余数为 1，则计为 1；最大余数为 10；全部数字为 0～10 共 11 个数字（用 Y 表示）。

③ 根据模的值得到对应的校验码。

对应关系为：

Y 值：　　０ １ ２　３ ４ ５ ６ ７ ８ ９ １０
校验码：　１ ０ Ｘ ９ ８ ７ ６ ５ ４ ３　２

通俗解释：余数为 0，则校验码为 1；依此类推：余数为 1，则校验码对应 0。以下对应关系为 2-X；3-9；4-8；5-7；6-6；7-5；8-4；9-3；10-2。如果校验码不符合这个规则，则肯定是假号码。

校验码生成实现代码如下：

```csharp
//自定义方法，生成校验码，参数 s17 为存储身份证号的数组
private string GenParityBit(string s17)
{
    int[] Weight = new int[] { 7, 9, 10, 5, 8, 4, 2, 1, 6, 3, 7, 9, 10, 5, 8, 4, 2 };
    string Parity = "10X98765432";
    int s = 0;
    for (int i = 0; i < s17.Length; i++)
    {
        s += Int32.Parse(s17[i].ToString()) * Weight[i];
    }
    return Parity[s % 11].ToString();
}
```

（2）身份证的随机生成的另一个难点是随机数的选择，其中要考虑性别问题。实现代码如下：

```csharp
//随机生成，其中：iSex=0 表示男性
private List<string> GenRnd(int iSex)
{
    Random rd = new Random();
    List<string> sTemp = new List<string>();
    int i = 0;
    while (i < maxNum)
    {
        int rndNum = rd.Next(0, 1000);
        if (rndNum % 2 == iSex) rndNum++;
        if (rndNum >= 1000) continue;
        string s3 = rndNum.ToString().PadLeft(3, '0');
        //不够位时，左边补齐
        if (!sTemp.Contains(s3))
        {
            sTemp.Add(s3);
            i++;
        }
    }
```

        return sTemp;
    }
（3）按行政区域生成完整的身份证号代码如下：
```
    private List<string> GetID()
    {
        List<string> tempID = new List<string>();
        List<string> sexRndNum = GenRnd(rbMan.Checked ? 0 : 1);
        string str18 = string.Empty;
        for (int i = 0; i < maxNum; i++)
        {
            string str17 = string.Empty;
            string sCity = cbCities.SelectedValue.ToString();
            string sYMD = dtpBirth.Value.Year.ToString() + dtpBirth.Value.Month.ToString().PadLeft(2, '0') + dtpBirth.Value.Day.ToString().PadLeft(2, '0');
            str17 = sCity + sYMD + sexRndNum[i];
            str18 = str17 + GenParityBit(str17);
            tempID.Add(str18);
        }
        return tempID;
    }
    private void btnGenID_Click(object sender, EventArgs e)
    {
        if (cbProvince.SelectedIndex == -1)
        {
            MessageBox.Show("请选择省级行政机构", "请注意", MessageBoxButtons.OK, MessageBoxIcon.Warning);
            return;
        }
        if (cbCities.SelectedIndex == -1)
        {
            MessageBox.Show("请选择下级行政机构", "请注意", MessageBoxButtons.OK, MessageBoxIcon.Warning);
            return;
        }
        this.Cursor = Cursors.WaitCursor;
        //设置鼠标形状
        lbID.DataSource = GetID();
        //指定数据源
        this.Cursor = Cursors.Default;
```

}

提示/备注：在选取所需的行政区域信息文件时，也可以引入 OpenFileDialog 控件，请自行实践。

任务三　身份证号码验证与解读

【任务描述】

给出一个身份证号码，能验证该号码是否合法，如果合法，解读出其详细信息；如果不合法，给出错误信息。

【任务实施】

（1）验证行政区域的合法性，代码如下：

```
//验证行政区域的合法性
private bool isDiscValid(string s)
{
    bool iFlag = false;
    foreach (clsAdministrativeDivisionsCode cadc in cityCode)
    {
        if (cadc.AdCode == s)
        {
            string st = s.Substring(0, 2);
            foreach (clsAdministrativeDivisionsCode capc in provinceCode)
            {
                if (capc.AdCode.Substring(0, 2) == st)
                {
                    lbCardInfo.Items.Add("省或直辖市名称：" + capc.AdName);
                    break;
                }
            }
            foreach (clsAdministrativeDivisionsCode caac in cityCode)
            {
                if (caac.AdCode == s.Substring(0, 4) + "00")
                {
                    lbCardInfo.Items.Add("市名称：" + caac.AdName.TrimStart());
                    break;
                }
```

```
                }
                lbCardInfo.Items.Add("地区名称：" + cadc.AdName.TrimStart());
                iFlag = true;
                break;
            }
        }
        return iFlag;
    }
```
（2）验证出生日期的合法性，代码如下：
```
//验证出生日期的合法性
private bool isBirthValid(string s)
{
    string sYear = s.Substring(0, 4);
    string sMonth = s.Substring(4, 2);
    string sDay = s.Substring(6, 2);
    DateTime dt;
    if (DateTime.TryParse(string.Format("{0}-{1}-{2}", sYear, sMonth, sDay), out dt))
    {
        if (dt > DateTime.Now)
            return false;
        else
            return true;
    }
    else
        return false;
}
```
（3）验证性别的合法性，代码如下：
```
//验证性别的合法性
private bool isSexValid(string s)
{
    return s == "000" ? false : true;
}
```
（4）验证校验码的合法性，代码如下：
```
//验证校验码的合法性
private bool isParityValid(string s18)
{
    int[] Weight = new int[] { 7, 9, 10, 5, 8, 4, 2, 1, 6, 3, 7, 9, 10, 5, 8, 4, 2 };
    string Parity = "10X98765432";
```

```
        string s17 = s18.Substring(0, 17);
        int s = 0;
        for (int i = 0; i < s17.Length; i++)
        {
            s += Int32.Parse(s17[i].ToString()) * Weight[i];
        }
        return Parity[s % 11].ToString() == s18.Substring(17, 1) ? true : false;
}
```

（5）编写验证按钮 btnVerification 控件的事件，代码如下：

```
private void btnVerification_Click(object sender, EventArgs e)
{
    Regex reg = new Regex(@"^\d{17}(\d|X)");
    string sTemp = tbVerification.Text;
    lbCardInfo.Items.Clear();
    if (sTemp == string.Empty)
    {
        MessageBox.Show("没有输入任何身份证号码", "请注意", MessageBoxButtons.OK, MessageBoxIcon.Warning);
        return;
    }
    if (sTemp.Length != 18)
    {
        MessageBox.Show("输入身份证号码的长度应为 18 位", "请注意", MessageBoxButtons.OK, MessageBoxIcon.Warning);
        return;
    }
    if (reg.Matches(sTemp).Count == 0)
    {
        MessageBox.Show(" 输入身份证号码的格式有误", "请注意", MessageBoxButtons.OK, MessageBoxIcon.Warning);
        return;
    }
    if (!isDiscValid(sTemp.Substring(0, 6)))
    {
        MessageBox.Show("输入的身份证号码行政区划代码无效", "请注意", MessageBoxButtons.OK, MessageBoxIcon.Warning);
        return;
    }
```

```csharp
        if (!isBirthValid(sTemp.Substring(6, 8)))
        {
            MessageBox.Show("输入的身份证号码出生日期无效", "请注意", MessageBoxButtons.OK, MessageBoxIcon.Warning);
            return;
        }
        else
            lbCardInfo.Items.Add(string.Format("出生日期：{0}年{1}月{2}日", sTemp.Substring(6, 4), sTemp.Substring(10, 2), sTemp.Substring(12, 2)));

        if (!isSexValid(sTemp.Substring(14, 3)))
        {
            MessageBox.Show("输入的身份证号码性别顺序码无效", "请注意", MessageBoxButtons.OK, MessageBoxIcon.Warning);
            return;
        }
        else
        {
            lbCardInfo.Items.Add("性别：" + ((Convert.ToInt32(sTemp.Substring(14, 3)) % 2 == 0) ? "女" : "男"));
        }

        if (!isParityValid(sTemp))
        {
            MessageBox.Show("输入的身份证号码验证码无效", "请注意", MessageBoxButtons.OK, MessageBoxIcon.Warning);
            return;
        }
        lbCardInfo.Items.Insert(0, "身份证号：" + sTemp);
        lbCardInfo.Items.Insert(0, "验证解读信息：");
        lbCardInfo.Items.Add("完成验证!");
        gbCardInfo.Visible = true;
    }
```

提示/备注：请试一下，如果身份证号码不合法，一次给出所有的错误信息。

【项目小结】

本项目学习了部分新控件的属性和事件，尤其是组合框的 DisplayMember 和 ValueMember

两个属性的运用。进一步学习了随机数，巩固了如何向 List 中添加不重复的数字。另外，自定义方法的编写，进一步训练了程序设计的逻辑思维。本项目涉及知识点比较多，学习者应该仔细体会运用。

再次说明：伪造、变造居民身份证属违法行为。本软件只为教学使用，学习者不能乱用此软件生成号码，不能将生成的号码用于网上购物、网上交易和虚拟财产买卖，否则后果自付。

【独立实践】

项目描述：

任务单

1	
2	
3	
4	
5	

任务一：_____

任务二：_____

任务三：_____

【思考与练习】

设计"手机号所在地查询"程序。

第三篇

图形图像篇

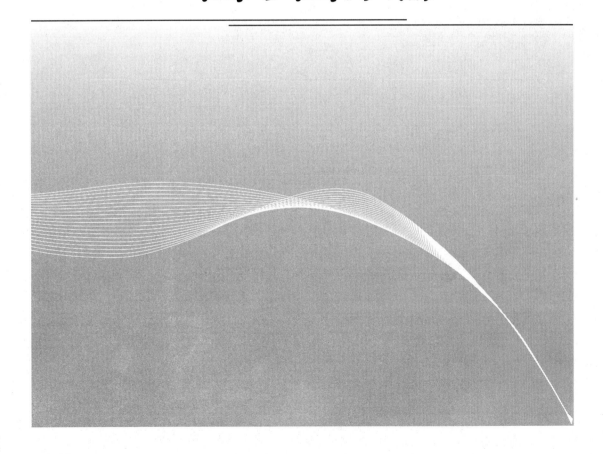

项目八

绘制中国象棋棋盘

网络游戏公司最近请软件工程师小张开发一套在线式的中国象棋游戏。小张决定用 C# 代码来实现中国象棋棋盘的绘制。

【项目描述】

绘制中国象棋棋盘主要有三个任务：

1. 绘制棋盘轮廓。
2. 绘制棋盘线条。
3. 书写棋盘中间文字。

【项目需求】

建议配置：主频 2.2 GHz 或以上的 CPU、1 GB 或更大容量的 RAM、分辨率为 1 280×1 024 像素的显示器、7 200 r/min 或更高转速的硬盘。

操作系统：Windows 7 或 2000 以上。

开发软件：Visual Studio 2012 中文版（含 MSDN）。

提供真实棋盘或中国象棋的电脑游戏画面作为参照，如图 8-1 所示。

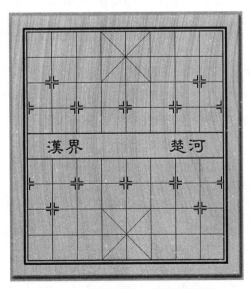

图 8-1 中国象棋的电脑游戏画面

说明：中国象棋棋盘大致有 9 条竖线和 10 条横线，还包括游戏双方的一个米字格（九宫格）及五个兵位和两个炮位，棋盘中间写有"楚河汉（漢）界"。

【相关知识点】

建议课时：8 节课。

相关知识：Graphics 类及 DrawImage、DrawRectangle、DrawLine 和 DrawString 等相关方法；GDI+的坐标系统。

【项目分析】

绘制中国象棋棋盘的主要步骤：

1．绘制棋盘轮廓。
2．绘制棋盘线条。
3．书写棋盘中间文字。

任务一　绘制棋盘轮廓

【任务描述】

新建项目，并在窗体上绘制棋盘背景图和外框。

【任务实施】

（1）新建一个 Windows 项目，在模板中选择"Windows 窗体应用程序"，将项目名称设为"Chinese chessboard"，位置设为"E:\CsharpApp\Examples"（或其他位置），如图 8-2 所示。

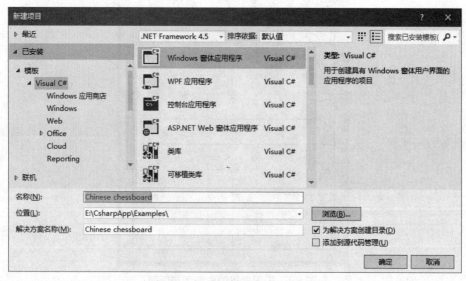

图 8-2　新建项目设置界面

（2）设置该窗体属性，见表 8-1。属性窗口如图 8-3 所示。

项目八 绘制中国象棋棋盘

表 8-1 窗体属性

属　性	取值/说明
Name	FrmMain　/窗体类名称
FormBorderStyle	FixedSingle　/边框大小固定
MaximizeBox	False　/无最大化框
MinimizeBox	False　/无最小化框
Size	470,540　/窗体尺寸大小（宽，高）
StartPosition	CenterScreen/屏幕正中
Text	中国象棋棋盘　/窗口标题

图 8-3 属性窗口

（3）将图片文件"bg.jpg"拷贝到"E:\CsharpApp\Examples\Chinese chessboard\ Chinese chessboard\bin\Debug"下，在程序中将此木纹（图 8-4）绘制到棋盘上。

图 8-4 图片文件 "bg.jpg" 的木纹效果

（4）FrmMain 窗体的 Paint 事件处理程序的相关代码如下：

```csharp
private void FrmMain_Paint(object sender, PaintEventArgs e)
{
    Graphics g = e.Graphics;        //获取一个 Graphics 对象
    g.Clear(Color.Coral);           //用珊瑚色清除窗体
    g.DrawImage(Image.FromFile(Application.StartupPath + @"\" + "bg.jpg"), 10, 10, 430, 480);
                                    //绘制背景图
    g.DrawRectangle(new Pen(Color.Black, 3), new Rectangle(new Point(20, 20), new Size(410, 460)));
                                    //绘制框图
    g.Dispose();                    //释放对象
}
```

提示/备注：除了用 Paint 事件，请试一试用 Image 对象来实现。

程序运行效果如图 8-5 所示。

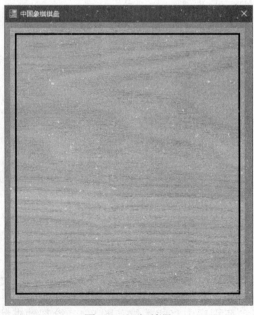

图 8-5 运行效果

提示/备注：请指出点 P1(50,100)、点 P2(110,100)、点 P3(100,50)和点 P4(100,110)在屏幕上的大致位置。画图时必须要有空间感，通过训练能有意识地提高自己。

【理论知识】

1. 理解 GDI+

GDI+：Graphics Device Interface Plus，也就是图形设备接口，提供了各种丰富的图形图像处理功能，本质上它是一个库。它提供了一个接口，此接口允许程序员编写与打印机、监视器或文件等图形设备进行交互的 Windows 和 Web 图形应用程序。GDI+其实是由 C++编写的一个类，供用户调用。在程序中使用 GDI+需要添加相应的命名空间，主要有：

System.Drawing：基本的 GDI+功能的定义，它提供了 Graphics 类，这个类提供了最重要的绘图与填充方法，还封装了矩形、点、画笔和钢笔等 GDI 图元类。

System.Drawing.Drawing2D：高级二维和矢量图形应用程序的功能。

System.Drawing.Imaging：基本图像处理功能。

2. GDI+基本应用

要绘图，首先要有绘图的画布，画布可以是窗体表面、打印机表面、位图表面；要有画笔，可以是钢笔、笔刷等；还要有一个画图的过程，即方法调用。另外，还需要知道坐标系统，窗体中的坐标轴和平时接触的平面直角坐标轴不同，窗体中的坐标轴方向完全相反：窗体的左上角为原点(0, 0)，水平向左则 X 增大，垂直向下则 Y 增大。

3. GDI+的坐标系统

GDI+的坐标系统建立在通过像素中心的假想数学直线上，这些直线从 0 开始，其左上角的交点是 X=0，Y=0。X=1，Y=2 的简短记号是点(1,2)。用于绘图的每个窗口都有自己的坐标。如果要创建一个可以在其他窗口使用的定制控件，这个定制控件本身就有自己的坐标。换言之，在绘制该定制控件时，其左上角是点(0,0)。不用担心定制控件放在其包含窗体的什么地方。

在绘制线条时，GDI+会把绘制出来的像素在指定的数学直线上对中。在绘制整数坐标的水平线时，可以认为每个像素的一半落在假想的数学直线的上半部分，而另一半落在假想数学直线的下半部分。

【知识拓展】

按 F1 键，查一下 MSDN 上的 Graphics 类的信息，将这个类的作用和 DrawImage 和 DrawRectangle 方法的详细内容记下来。

任务二　绘制棋盘线条

【任务描述】

绘制水平线、垂直线、斜线和兵位（炮位）线。其中的难点主要是坐标位置。

实施条件（或教学场景设计或作业技术规范）：参照真实棋盘或中国象棋的电脑游戏画面。

【任务实施】

(1) 在 g.Dispose();这条释放对象语句行的上方，插入用于生成钢笔对象 pen 的代码。
Pen pen = new Pen(Color.Black, 1);

(2) 绘制水平线。
for (int i = 0; i < 10; i++)
{
    g.DrawLine(pen, new Point(25, 25 + (i * 50)), new Point(425, 25 + (i * 50)));
}

(3) 绘制垂直线。
for (int i = 0; i < 9; i++)
{
    g.DrawLine(pen, new Point(25 + (i * 50), 25), new Point(25 + (i * 50), 225));
    g.DrawLine(pen, new Point(25 + (i * 50), 275), new Point(25 + (i * 50), 475));
}

运行结果如图 8-6 所示。

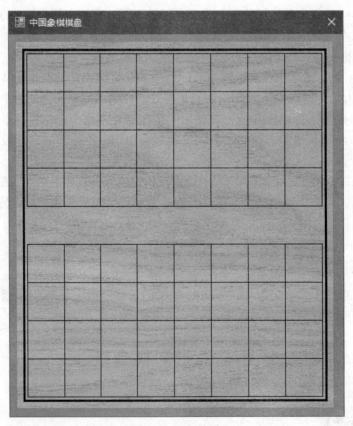

图 8-6　运行结果

（4）绘制斜线。

g.DrawLine(pen, new Point(175, 25), new Point(275, 125));
g.DrawLine(pen, new Point(275, 25), new Point(175, 125));
g.DrawLine(pen, new Point(175, 375), new Point(275, 475));
g.DrawLine(pen, new Point(175, 475), new Point(275, 375));

运行结果如图 8-7 所示。

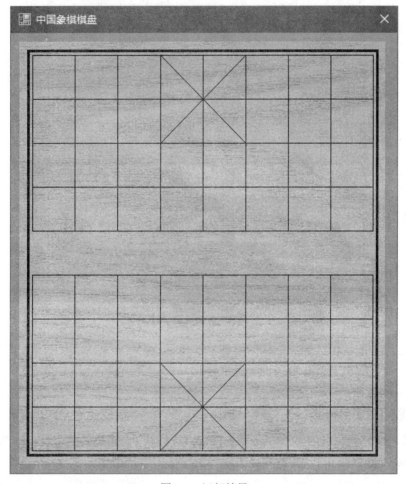

图 8-7　运行结果

（5）绘制兵位（炮位）线。

g.DrawLine(pen, new Point(30, 160), new Point(30, 170));
g.DrawLine(pen, new Point(30, 170), new Point(40, 170));
g.DrawLine(pen, new Point(30, 180), new Point(30, 190));
g.DrawLine(pen, new Point(30, 180), new Point(40, 180));

运行结果如图 8-8 所示。

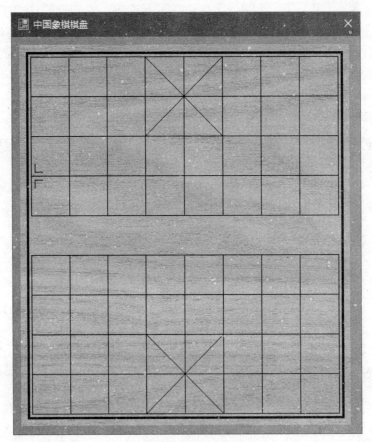

图 8-8 运行结果

说明：考虑各条兵位（炮位）线的画法除了坐标不同外，是完全一样的，所以，这里只画了其中一个，请学生完成其余兵位（炮位）线。

【理论知识】

按 F1 键，查一下 MSDN 上的 Pen 类、Graphics 类和 Point 结构的信息，将 Pen 类中的构造方法、DrawLine 方法和 Point 的构造方法等的详细内容记下来。

【知识拓展】

1. struct 类型的概念

Point 是 struct（结构）类型的，那么什么是 struct 类型呢？struct 类型是一种值类型，通常用来封装小型相关变量组，例如，矩形的坐标或库存商品的特征。下面的示例显示了一个简单的结构声明。

```
public struct Book
{
    public decimal price;
    public string title;
```

```
        public string author;
}
```

2. 类与结构的差别

（1）值类型与引用类型。

结构是值类型：值类型在堆栈上分配地址，所有的基类型都是结构类型，例如，int 对应 System.int32 结构，string 对应 System.string 结构，通过使用结构可以创建更多的值类型。

类是引用类型：引用类型在堆上分配地址。

堆栈的执行效率要比堆的执行效率高，可是堆栈的资源有限，不适合处理大的逻辑复杂的对象。所以，结构处理作为基类型对待的小对象，而类处理某个商业逻辑。

因为结构是值类型，所以结构之间的赋值可以创建新的结构，而类是引用类型，类之间的赋值只是复制引用。

注：

① 虽然结构与类的类型不一样，可是它们的基类型都是对象（object），C#中所有类型的基类型都是 object。

② 虽然结构的初始化也使用了 New 操作符，但是结构对象依然分配在堆栈上而不是堆上，如果不使用"新建"（new），那么在初始化所有字段之前，字段将保持未赋值状态，且对象不可用。

（2）继承性。

结构：不能从另外一个结构或者类继承，本身也不能被继承，虽然结构没有明确地用 sealed 声明，可是结构是隐式的 sealed。

类：完全可扩展的，除非显式地声明 sealed，否则类可以继承其他类和接口，自身也能被继承。

注：虽然结构不能被继承，可是结构能够继承接口，方法和类继承接口一样。

任务三　书写棋盘中间文字

【任务描述】

为了更逼真一些，将文字"楚河汉（漢）界"用 DrawString 方法写在棋盘中间。

【任务实施】

（1）用 DrawString 方法在棋盘中间写文字"楚河汉（漢）界"。

```
g.DrawString("楚 河", new Font("黑体", 25), Brushes.Black, new Point(50, 235));
g.DrawString("漢 界", new Font("黑体", 25), Brushes.Black, new Point(300, 235));
```

运行结果如图 8-9 所示。

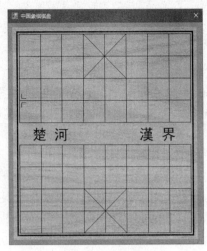

图 8-9 运行结果

(2)如果要实现如图 8-10 所示的效果，可以将代码改为：

g.TranslateTransform(300, 235);   //平移坐标轴
g.RotateTransform(180);   //进行 180 度旋转
g.DrawString("漢界", new Font("黑体", 25), Brushes.Black, new Point(-100, -35));
g.ResetTransform();   //坐标轴复位

提示/备注：请确定在平移坐标轴和旋转坐标轴后，点 P1(10,30)和 P1(10,-30)的大致位置。

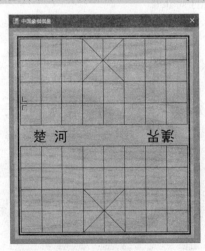

图 8-10 运行结果

提示/备注：请试一下，坐标轴先平移后旋转与坐标轴先旋转后平移的效果一样吗？通过观察，能充分理解 GDI+的坐标系统的空间关系。

【项目小结】

学习者从在 Paint 事件中绘制背景图和框图开始，了解到 GDI+的坐标系统；然后绘制水

平线、垂直线、斜线和兵位（炮位）线，提高了对 Graphics 类和 GDI+的坐标系统的认识；最后，书写出棋盘中间文字。通过本项目，学生能学会用 GDI+绘制中国象棋棋盘、五子棋子棋盘和国际象棋棋盘，从而掌握 GDI+中的图形处理的基本原理，为后续的 GDI+中的图像处理打下基础。

【独立实践】

项目描述：

任务单

1	
2	
3	
4	
5	

任务一：_____

任务二：_____

任务三：_____

【思考与练习】

1．按任务一中所学的原理完成图 8-11 所示的五子棋棋盘。

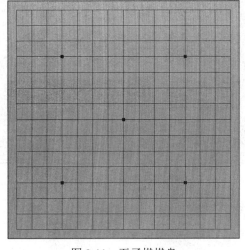

图 8-11　五子棋棋盘

提示：画圆形的方法可查阅 MSDN 中的 Graphics 类中的相关方法。

2．按任务二中所学的原理完成图 8-12 所示的国际象棋棋盘。（素材在光盘的"素材 3"目录中）

图 8-12　国际象棋棋盘

提示：四周的数字如何准确定位呢？

3．按任务三中所学的原理完成图 8-13 所示的围棋棋盘和棋子。

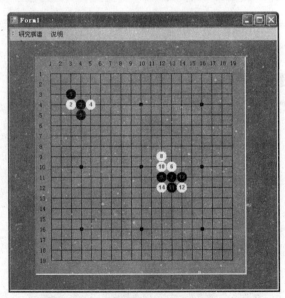

图 8-13　围棋棋盘和棋子

提示：在 Graphics 类中，用什么方法给矩形填充颜色？

项目九
制作儿童魔术画板

游戏公司最近请软件工程师小李开发一款能为孩子带来很多乐趣的涂鸦软件。程序里提供一张空白图纸和许多绘图工具,让小朋友可以尽情地勾勒出颜色、大小、形状各异的各种图案。

【项目描述】

制作儿童魔术画板主要有三个任务:
1. 制作闪屏。
2. 制作不规则主界面。
3. 实现画图板功能。

【项目需求】

建议配置:主频 2.2 GHz 或以上的 CPU、1 GB 或更大容量的 RAM、分辨为 1 280×1 024 像素的显示器、7 200 r/min 或更高转速的硬盘。

操作系统:Windows 7 或 2000 以上。

开发软件:Visual Studio 2012 中文版(含 MSDN)。

提供 Magic Whiteboard 游戏界面作为参照,如图 9-1 所示。

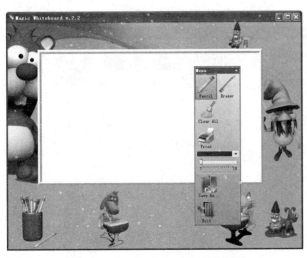

图 9-1 Magic Whiteboard 游戏界面

说明:Magic Whiteboard 是一款为孩子和全家人带来大量乐趣的令人难以置信的涂鸦游戏软件。Magic Whiteboard 可以被用于最多 5 台计算机连网的一个家庭计算机网络,因此家长和孩子可以一起画图。这款充满魅力且简单易用的游戏软件拥有彩色的图形和动画卡通人物。Magic Whiteboard 允许采用诸如 BMP、JPG、GIF 等格式打印和保存绘制的图画。

【相关知识点】

建议课时：8 节课。
相关知识：闪屏的处理、窗体渐隐渐现效果、不规则窗体的处理及 GDI+画图。

【项目分析】

制作儿童魔术画板主要的步骤：
1．制作闪屏。
2．制作不规则主界面。
3．实现画图板功能。

任务一　制作闪屏

【任务描述】

新建项目，为窗体设置背景图片，并在相应事件中写入代码。

【任务实施】

（1）新建一个 Windows 项目，在模板中选择"Windows 窗体应用程序"，将项目名称设为"Magic Painter"，位置设为"E:\CsharpApp\Examples"（或其他位置），如图 9-2 所示。

图 9-2　新建项目设置界面

(2)设置该窗体属性,见表 9-1。属性窗口如图 9-3 所示。

表 9-1 窗体属性

属 性	取 值	说 明
Name	FrmSplash	窗体类名称
FormBorderStyle	None	边框大小固定
BackgroundImage	splash.JPG	背景图像
Size	478,100	窗体尺寸大小(宽,高)
StartPosition	CenterScreen	屏幕正中
Text	FormSplash	窗口标题(可以不设置)
Opacity	0%	可控制显示的窗口的不透明度 可设置为一个介于 0.0(完全透明)与 1.0(完全不透明)之间的值

图 9-3 属性窗口

(3)将图片文件"splash.JPG"拷贝到"MagicPainter\bin\Debug\pngs"下,在程序中将此画面作为启动屏幕背景,如图 9-4 所示。

图 9-4 图片文件"splash.JPG"的画面效果

（4）设置两个 Boolean 型全局变量。

```
bool bSubAlpha = false;      //不允许降低不透明度
bool bAddAlpha = true;       //允许增加不透明度
```

（5）在 FrmSplash 窗体中拖放一个 Timer 控件，并将其 Enabled 设置为 True，timer_Tick 事件处理程序的相关代码如下：

```
private void timer_Tick(object sender, EventArgs e)
{
    if (bAddAlpha)
        if (this.Opacity < 1.0)
        {
            this.Opacity += 0.1;
        }
        else
        {
            bAddAlpha = false;
            bSubAlpha = true;
        }

    if (bSubAlpha)
        if (this.Opacity > 0.1)
        {
            this.Opacity -= 0.1;
        }
        else
        {
            bSubAlpha = false;
            this.timer1.Enabled = false;
            new FrmSplash().Show();
        }
}
```

提示/备注：除了用渐隐渐显的效果，请试一试用进度条来表现。

运行程序效果如图 9-5 所示。

图 9-5　运行程序效果

提示/备注：请指出 new FrmSplash().Show();的作用，以及符合哪种条件才能执行这条语句。

【理论知识】

不透明度的概念

使用 Opacity 属性可以指定窗体及其控件的透明度级别。将此属性设置为小于 100%（1.00）的值时，会使整个窗体（包括边框）更透明。将此属性设置为值 0%（0.00）时，会使窗体完全不可见。可以使用此属性提供不同级别的透明度，或者提供如窗体逐渐进入或退出视野这样的效果。例如，可以通过将 Opacity 属性设置为值 0%(0.00)，并逐渐增加该值直到它达到100%（1.00），使一个窗体逐渐进入视野。

Opacity 与 TransparencyKey 提供的透明度不同，后者只能使窗体及其控件完全透明（当窗体及其控件的颜色与 TransparencyKey 属性中指定的值所表示的颜色相同时）。

【知识拓展】

按 F1 键，查一下 MSDN 上 Form 类的信息，将这个类的 TransparencyKey 的详细内容记下来。

任务二 制作不规则主界面

【任务描述】

绘制不规则形状的背景图，收集一些卡通图标作为按钮，完善程序功能。

【任务实施】

（1）绘制不规则形状的背景图，如图 9-6 所示。

图 9-6 界面背景图

注意：为了将来能实现透明效果，此背景图设为纯黄色，请记住自己设定的颜色值。同时，给画板留出足够的空间（如本图的灰色部分）。

（2）实现关闭窗口功能。

拖入一个 PictureBox 控件，将名称设为"picClose"，同时将组件的背景色 BackColor 改为"Transparent（透明）"。图像 Image 按图 9-7 所示方法设置，文件名称为"png-0652.png"。

图 9-7　选择本地资源"png-0652.png"

事件处理程序的相关代码如下：

```
private void picClose_Click(object sender, EventArgs e)
{
    Application.Exit();
}
```

（3）实现最小化窗口功能。

拖入一个 PictureBox 控件，将名称设为"picMin"，同时将组件的背景色 BackColor 改为"Transparent（透明）"。图像 Image 按图 9-8 所示方法设置，文件名称为"png-0298.png"。

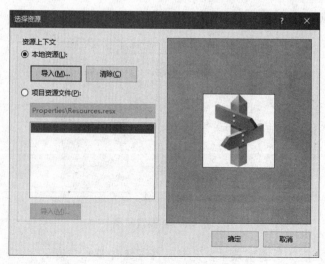

图 9-8　选择本地资源"png-0298.png"

事件处理程序的相关代码如下：
```
private void picMin_Click(object sender, EventArgs e)
{
    this.WindowState = FormWindowState.Minimized;
}
```

（4）实现保存图像功能。

拖入一个 PictureBox 控件，将名称设为"picMin"，将组件的背景色 BackColor 改为"Transparent（透明）"，图像 Image 按图 9-9 所示方法设置，文件名称为"png-0590.png"。同时，在窗体中添加一个保存文件对话框，名为"saveFileDialog"。

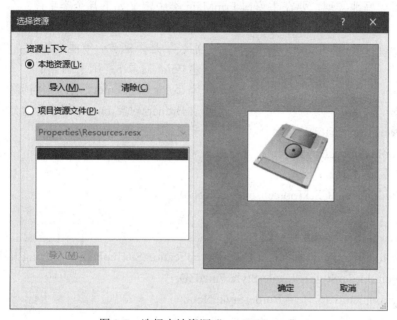

图 9-9　选择本地资源"png-0590.png"

事件处理程序的相关代码如下：
```
private void picSave_Click(object sender, EventArgs e)
{
    if (saveFileDialog.ShowDialog() == DialogResult.OK)
    {
        picWhiteBoard.Image.Save(saveFileDialog1.FileName);
    }
}
```

【理论知识】

按 F1 键，查看 MSDN 上 FormWindowState 枚举类型等的详细内容并记下来。

任务三　实现画图板功能

【任务描述】

实现铅笔绘画、橡皮擦除、全部清除、选颜色和线段精细可调的功能。

【任务实施】

（1）为了更好地实现，要在主窗口 FrmMain 类中定义如下几个类字段：

```csharp
Graphics g = null;                      //创建 Graphics 对象 g，用于绘制图形
bool bDrag, bDraw, bEraser;             //分别表示是否拖放、绘画和擦除
Point p;                                //创建 Point 对象 p，用于画点
Color color;                            //创建 Color 对象 color，用于确定颜色
Bitmap bmp = null;                      //创建 Bitmap 对象 bmp，用于保存绘制图形
private Point mouseOffset;              //记录鼠标指针的坐标
private bool isMouseDown = false;       //记录鼠标按键是否按下
```

（2）选择铅笔工具。

```csharp
private void picPen_Click(object sender, EventArgs e)
{
    bDraw = true; bEraser = false;
    picWhiteBoard.Cursor = new Cursor(Application.StartupPath + @"\pngs\pencile.cur");
    picPen.BorderStyle = BorderStyle.Fixed3D;
    picEraser.BorderStyle = BorderStyle.None;
    picClearAll.BorderStyle = BorderStyle.None;
}
```

（3）实现橡皮擦除功能。

```csharp
private void picEraser_Click(object sender, EventArgs e)
{
    bEraser = true; bDraw = false;
    picWhiteBoard.Cursor = new Cursor(Application.StartupPath + @"\pngs\eraser.cur");
    picPen.BorderStyle = BorderStyle.None;
    picEraser.BorderStyle = BorderStyle.Fixed3D;
    picClearAll.BorderStyle = BorderStyle.None;
}
```

（4）实现全部清除功能。

```csharp
private void picClearAll_Click(object sender, EventArgs e)
{
    bDraw = bEraser = false;
```

```
        g = Graphics.FromImage(bmp);
        g.Clear(Color.White);
        picWhiteBoard.Image = bmp;

        picPen.BorderStyle = BorderStyle.None;
        picEraser.BorderStyle = BorderStyle.None;
        picClearAll.BorderStyle = BorderStyle.None;
        picWhiteBoard.Cursor = Cursors.Default;
    }
```

(5)实现选颜色功能。

拖放一个 ColorDialog 控件,命名为"colorDialog"。

制作可将笔颜色改为红色的图形按钮,具体步骤:拖入一个 PictureBox 控件,将名称设为"picChooseColorBar",同时将组件的背景色改为"Transparent(透明)",背景图像 BackGroundImage 按图 9-10 所示方法设置,文件名称为"png-0532.png"。

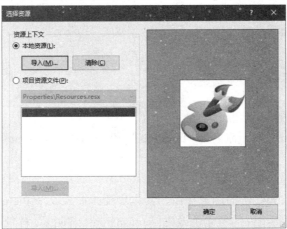

图 9-10　选择本地资源"png-0532.png"

```
private void picChooseColorBar_Click(object sender, EventArgs e)
{
    this.colorDialog.Color = color;
    if (this.colorDialog.ShowDialog() == DialogResult.OK)
        color = this.colorDialog1.Color;
}
```

(6)绘图区的几个主要事件处理。

① 在画板区按下鼠标。

```
private void picWhiteBoard_MouseDown(object sender, MouseEventArgs e)
{
    bDrag = true;
    p = new Point(e.X, e.Y);
```

}
② 在画板区释放鼠标。
```
private void picWhiteBoard_MouseUp(object sender, MouseEventArgs e)
{
    bDrag = false;
}
```
③ 在画板区移动鼠标。
```
private void picWhiteBoard_MouseMove(object sender, MouseEventArgs e)
{
   if (bDrag)
    {
         g = Graphics.FromImage(bmp);
      if (bDraw)
             g.DrawLine(new Pen(color, (float)trackBar1.Value), p, new Point(e.X, e.Y));
      if (bEraser)
          g.DrawLine(new Pen(Color.White, (float)trackBar1.Value), p, new Point(e.X, e.Y));
            picWhiteBoard.Image = bmp;
    }
    p = new Point(e.X, e.Y);
}
```

（7）实现调节笔的粗细功能。

拖放一个 TrackBar 控件，命名为"trackBar"，设置为"BackColor"，属性为"LawnGreen"（与树的颜色一致）。

（8）实现改变笔的颜色功能。

制作可将笔颜色改为红色的图形按钮，具体步骤：拖入一个 PictureBox 控件，将名称设为"pictureBox3"，同时将组件的背景色改为"Transparent（透明）"，背景图像 BackGroundImage 按图 9-11 所示方法设置，文件名称为"png-0729.png"。其他五个相似功能的按钮步骤类似。

图 9-11　选择本地资源"png-0729.png"

为了避免雷同，可以再自定义 picSelectColor_Click 方法，参数格式与一般的事件处理程序相同，包括 object sender 和 EventArgs e。

```
private void picSelectColor_Click(object sender, EventArgs e)
    {
        PictureBox pb = sender as PictureBox;
        if (pb.Tag != null)
            switch (pb.Tag.ToString())
            {
                case "红": color = Color.Red; break;
                case "绿": color = Color.Green; break;
                case "黄": color = Color.Gold; break;
                case "蓝": color = Color.Blue; break;
                case "浅蓝": color = Color.Cyan; break;
                case "洋红": color = Color.Magenta; break;
            }
    }
```

将此按钮的 Click 事件与 private void picSelectColor_Click(object sender, EventArgs e)绑定起来。

提示/备注：as 运算符用于在兼容的引用类型之间执行转换。但是，如果无法进行转换，则 as 返回 null，而非引发异常。

提示/备注：Tag 只是用来存放用户数据的，是一个 Object 类型，所以可以存放任何类型的对象。

【理论知识】

按 F1 键，查看 MSDN 上关于"AS""Cursor 类，构造函数""Control.Tag 属性"等的详细内容并记下来。

【项目小结】

本项目完成儿童魔术画板的三个制作任务：①制作闪屏；②制作不规则主界面；③实现画图板功能。通过本项目，学生能实现闪屏、不规则窗口和画图功能，从而掌握 GDI+中的图形处理的基本原理，为后续的 GDI+中的图像处理打下了基础。

【独立实践】

项目描述：

任务单

1	
2	
3	
4	
5	

任务一：_____

任务二：_____

任务三：_____

【思考与练习】

1. 按任务一中所学的原理完成"学生管理系统"的闪屏制作。
2. 按任务二中所学的原理完成椭圆形的主界面制作。
3. 按任务三中所学的原理完成简易的画图板制作。

项目十
绘制模拟时钟

游戏公司最近请软件工程师小李绘制模拟时钟用于显示当前系统时间,小李在分析了网络上现有的代码后,再考虑到代码的重用性,决定先自定义一个时钟控件,然后在窗体中使用该时钟控件。

【项目描述】

绘制模拟时钟主要有两个任务:
1. 自定义用户控件。
2. 使用用户控件。

【项目需求】

建议配置:主频 2.2 GHz 或以上的 CPU、1 GB 或更大容量的 RAM、分辨率为 1 280×1 024 像素的显示器、7 200 r/min 或更高转速的硬盘。

操作系统:Windows 7 或以上。

开发软件:Visual Studio 2012 中文版(含 MSDN)。

提供一只闹钟作为参照,如图 10-1 所示。

图 10-1 闹钟画面

说明:闹钟的绘制主要是盘面、刻度的绘制,并定时修改秒针、分针和时针的状态。

【相关知识点】

建议课时:6 节课。

相关知识:用户控件、override 关键字、SmoothingMode 属性与 SmoothingMode 枚举、GraphicsState 类。

- 133 -

【项目分析】

制作儿童魔术画板主要的步骤:
1. 自定义用户控件。
2. 测试用户控件。

任务一　自定义用户控件

【任务描述】

新建项目,为窗体设置背景图片并在相应事件中写入代码。

【任务实施】

1. 创建 ClockDesign 控件库

在"文件"菜单上指向"新建",然后单击"项目",打开"新建项目"对话框。从 Visual C# 项目列表中选择"Windows 窗体控件库"项目模板,在"名称"框中键入"ClockDesign",位置设为"E:\CsharpApp\Examples"(或其他位置),如图 10-2 所示,然后单击"确定"按钮。

图 10-2 "新建项目"对话框

2. 创建 ClockControl 控件

在解决方案资源管理器中,右击"UserControl1.cs",然后选择"重命名"。将文件名更改为 ClockControl.cs。当系统询问是否要重命名对代码元素"UserControl1"的所有引用时,单击"是"按钮。

3. 创建 clockTimer 控件

拖放 Timer 控件,将名称改为"clockTimer",并将 Enabled 设为"True",Interval 设为"1000",如图 10-3 所示。

项目十 绘制模拟时钟

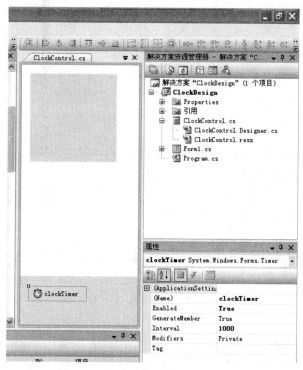

图 10-3 创建并设置 clockTimer 控件

4. 自定义 OnPaint 事件处理程序

若要实现自定义控件，必须重写该控件的 OnPaint 事件的代码。

```
using System.Drawing.Drawing2D;
   protected override void OnPaint(PaintEventArgs e)
    {
        //定义 Graphics 对象 g，并指定高质量、低速度呈现
        Graphics g = e.Graphics;
        /*SmoothingMode 枚举指定是否将平滑处理（消除锯齿）应用于直线、曲线和
已填充区域的边缘。*/
        g.SmoothingMode = SmoothingMode.HighQuality;

        //初始化原点坐标和半径
        g.TranslateTransform(this.Width / 2.0f, this.Height / 2.0f);
        int dialRadius = Math.Min(this.Width-30, this.Height-30) / 2;

        //画钟刻度
        GraphicsState state = g.Save();          //state 表示 Graphics 对象的状态
        int clockNum = 0;
         for (int i = 0; i<60; i++)              //整个盘面有 60 个刻度
          {
```

```
                int radius = 5;
                if (i % 5 == 0)
                {
                    radius = 20;

                }
            g.FillEllipse(Brushes.Coral, new Rectangle(-radius / 2, -dialRadius, radius, radius));
                if (i % 5 == 0)
                {
                    if (clockNum == 0)
                    {
        g.DrawString("12", new Font("宋体", 12), Brushes.Blue, new PointF(-radius / 2, -dialRadius));
                        clockNum++;
                    }
                    else
            g.DrawString((clockNum++).ToString(), new Font("宋体", 12), Brushes.Blue, new PointF(-radius / 2, -dialRadius));
                }
                g.RotateTransform(360/60);
            }
            g.Restore(state);

            DateTime now = DateTime.Now;
            //画时针
            state = g.Save();
            g.RotateTransform((Math.Abs(now.Hour - 12) + now.Minute / 60f ) * 360f / 12f);//
            g.FillRectangle(Brushes.Black, new Rectangle(-5, -dialRadius + 50, 10, dialRadius - 40));
            g.Restore(state);

            //画分针
            state = g.Save();
            g.RotateTransform((now.Minute + now.Second / 60f) * 360f / 60f);
            g.FillRectangle(Brushes.DarkGreen, new Rectangle(-3, -dialRadius + 30, 6, dialRadius - 15));//
            g.Restore(state);
```

```
        //画秒针
        state = g.Save();
        g.RotateTransform(now.Second * 360f / 60f);//
        Pen pe = new Pen(Brushes.Red, 3);
        pe.StartCap = LineCap.ArrowAnchor;
        pe.EndCap = LineCap.DiamondAnchor;
        g.DrawLine(pe,new PointF(-1, -dialRadius + 10),new PointF(1,10));
        g.Restore(state);
    }
```

提示/备注：LineCap 枚举指定可用线帽样式，Pen 对象以该线帽结束一段直线。

5. 定时（1 秒）重绘控件

```
private void clockTimer_Tick(object sender, EventArgs e)
{
    //使控件的整个图面无效并导致重绘控件。
    Invalidate();
}
```

按 F5 键启动调试，弹出图 10-4 所示窗体。控件不是独立的应用程序，它们必须寄宿在容器中。测试控件运行时的行为，并使用 UserControl 测试容器运用其属性。

图 10-4　用户控件测试容器

【理论知识】

1. C#如何重写控件的 OnPaint 事件

使用 OnPaint 事件可以随时绘制图形。

调用窗体的 OnPaint 事件：

```
protected override void OnPaint(PaintEventArgs e)
{
    base.OnPaint(e);
    //绘图
}
```

但是如何重写控件的 OnPaint 事件呢？比如图像是在 PictureBox 中绘制的，那么，如何重写 PictureBox 的 OnPaint 事件呢？

无法直接在窗体的代码中重写控件的 OnPaint 事件，只能重写窗体的 OnPaint 事件。

重写控件的 OnPaint 事件，必须创建一个新的控件。这个控件继承 Windows 的控件，然后在创建的控件中重写控件的 OnPaint 事件。

以 PictureBox 为例：

```
//定义一个新的控件，继承 PictureBox 控件
public class myPictureBox : PictureBox
    {
        //自定义控件的构造函数
        public myPictureBox()
        {
        }
        //重写控件的 OnPaint 属性

        protected override void OnPaint(PaintEventArgs e)
        {
            base.OnPaint(e);
            //绘图
        }
}
```

使用这种方法，就可以重写任何一个控件的 OnPaint 事件了。

2. C#图形绘制——指定线条端部形状

（1）使用预定义形状。

画笔属性 pen.StartCap 和 pen.EndCap 指定线条的两端形状。

预定义的形状：LineCap.Round、LineCap.ArrowAnchor 等。

如：

```
pen.StartCap = LineCap.Round;
```

（2）使用自定义形状。

如果使用自定义的端部形状，则使用 pen.CustomStartCap 和 pen.CustomEndCap 属性。

CustomLineCap myCap = new CustomLineCap(null,path);//自定义端部形状

path 为 GraphicsPath 类型。

如：

pen.CustomStartCap = mycap;

示例：

```
GraphicsPath hPath = new GraphicsPath();
//为端部创建下划线
hPath.AddLine(new Point(0, 0), new Point(0, 5));
hPath.AddLine(new Point(0, 5), new Point(5, 1));
hPath.AddLine(new Point(5, 1), new Point(3, 1));

//构造一个挂钩形状的端部形状
CustomLineCap HookCap = new CustomLineCap(null, hPath);

//设定画笔线条端部形状
Pen customCapPen = new Pen(Color.Black, 5);
customCapPen.CustomStartCap = HookCap;
customCapPen.CustomEndCap = HookCap;

//使用预定义的端部形状
Pen capPen = new Pen(Color.Red, 10);
capPen.StartCap = LineCap.Round;
capPen.EndCap = LineCap.ArrowAnchor;

//无端部形状
Pen pen = new Pen(Color.Chartreuse, 7);
Point[] points = { new Point(100, 100), new Point(300, 100) };

//画多根线
e.Graphics.DrawLines(capPen, points);
e.Graphics.DrawLines(pen,points);
e.Graphics.DrawLines(customCapPen, points);
```

【知识拓展】

按 F1 键，查看 MSDN 上"用户控件"的信息中关于"向复合控件添加属性"和"如何公开自定义控件中的属性"，或在网上搜索"为用户控件添加属性"，将详细内容记下来。

任务二 使用用户控件

【任务描述】

【任务实施】

（1）在与任务一的解决方案中添加新项目，以便能使用此控件，如图10-5所示。

图 10-5 添加新项目 "TestClock"

（2）将"ClockDesign 组件"选项卡中的"ClockControl"组件拖放到 Form1 窗体上，如图 10-6 所示。

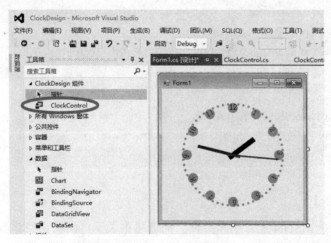

图 10-6 将 "ClockControl" 组件拖放到 Form1 窗体上

项目十 绘制模拟时钟

（3）右键单击"TestClock"项目，选择"设为启动项目"，如图 10-7 所示。

图 10-7 选择"设为启动项目"

（4）按 F5 键启动调试，运行结果如图 10-8 所示。

图 10-8 运行结果

> 提示/备注：任务二是基于"在与任务一的解决方案中"，如果条件改为"在与任务一不同的解决方案中"，问题该如何解决呢？

【项目小结】

通过本项目，学生能绘制出模拟时钟。在此过程中，学生掌握了自定义用户控件的方法，也掌握了测试与使用用户控件的基本方法。

【独立实践】

项目描述：

任务单

1	
2	
3	
4	
5	

任务一：_____

任务二：_____

任务三：_____

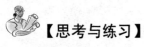【思考与练习】

1. 按任务一中所学的原理完成数字时钟控件的制作。
2. 按任务二中所学的原理测试前面的控件。

项目十一
图片切换动画效果

> PowerPoint 可以设计出很多页面之间的切换效果,给设计的 PPT 增色,C#中能设计出类似的切换效果吗?
> 今天我们就来试一下吧!

【项目描述】

制作页面切换动画效果主要有 8 个任务:
1. 设计主界面。
2. 设计十字效果功能。
3. 设计淡入效果功能。
4. 设计百叶窗效果功能。
5. 设计随机线效果功能。
6. 设计盒状效果功能。
7. 设计放大效果功能。
8. 设计擦除效果功能。

【项目需求】

建议配置:主频 2.2 GHz 或以上的 CPU、1 GB 或更大容量的 RAM、分辨率为 1 280×1 024 像素的显示器、7 200 r/min 或更高转速的硬盘。

操作系统:Windows 7 或以上。

开发软件:Visual Studio 2012 中文版(含 MSDN)。

页面切换动态效果如图 11-1 所示。

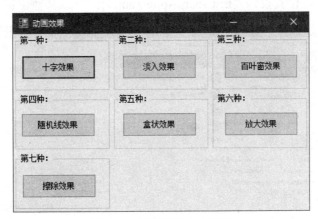

图 11-1　页面切换动态效果

【相关知识点】

建议课时：6节课。

相关知识：直线、矩形、圆、椭圆等基本几何图形的绘制和填充；渐变色的控制（通过颜色矩阵调整图像颜色）；画刷的各种使用方法；利用间隔时间和GDI+综合技术实现十字、淡入、百叶窗、随机线、盒状、放大、擦除等动画效果。

【项目分析】

制作页面切换动画效果的主要步骤：
1. 设计主界面。
2. 设计十字效果功能。
3. 设计淡入效果功能。
4. 设计百叶窗效果功能。
5. 设计随机线效果功能。
6. 设计盒状效果功能。
7. 设计放大效果功能。
8. 设计擦除效果功能。

任务一　设计主界面

【任务描述】

新建项目，设计主界面。

【任务实施】

（1）新建一个Windows项目，在模板中选择"Windows窗体应用程序"，将项目名称设为"七种动画效果"，位置设为"E:\CsharpApp\Examples\"（或其他位置），如图11-2所示。

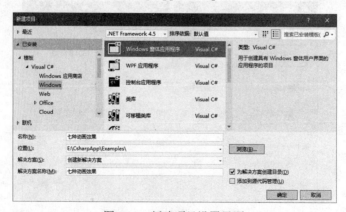

图11-2　新建项目设置界面

（2）在窗体中添加"TableLayoutPanel"控件，Dock 属性设置为"Fill"，"Item"属性设置如图 11-3 所示。

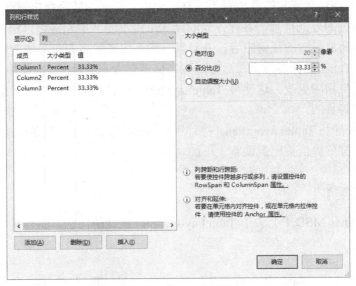

图 11-3　"Item"属性设置

（3）在 7 个格中依次添加 7 个"GroupBox"控件，分别命名为"gb1""gb2""gb3""gb4""gb5""gb6""gb7"。

（4）依次在 7 个"GroupBox"控件中添加"Button"控件，分别命名为"btnFirst""btnSecond""btnThird""btnFourth""btnFifth""btnSixth""btnSeventh"，分别将其"Text"属性设置为"十字效果""淡入效果""百叶窗效果""随机线效果""盒状效果""放大效果""擦除效果"，显示效果如图 11-4 所示。

图 11-4　主窗体显示效果

【理论知识】

TableLayoutPanel 控件

TableLayoutPanel 控件表示一个面板，它可以在一个由行和列组成的网格中对其内容进行动态布局。

TableLayoutPanel 在网格中排列其内容，提供了类似 HTML 中<table>元素的功能。TableLayoutPanel 控件允许将控件放置于网格布局中，而无须精确指定每个单独控件的位置。其单元格按行和列的方式排列，各行各列的尺寸可以不同。单元格可以跨行跨列合并。单元格可以包含窗体所能包含的任何内容，并且其行为在大多数方面与容器类似。

TableLayoutPanel 控件还提供在运行时按比例调整大小的功能，因此调整窗体大小时，布局可以平滑地发生相应更改。这使得 TableLayoutPanel 控件非常适合用于数据输入窗体和本地化的应用程序等目的。

一般而言，不应将TableLayoutPanel控件用作整体布局的容器，而是使用TableLayoutPanel控件为布局的各部分提供按比例调整大小的功能。

【知识拓展】

按 F1 键，查看 MSDN 上关于 TableLayoutPanel 控件的信息，将与其相关的详细内容记下来。

任务二　设计十字效果功能

【任务描述】

设计三种动态效果：十字效果、切入效果、反向十字效果。

【任务实施】

（1）为项目添加一个新的 Windows 窗体，取名为 FrmFirst.cs，调整窗体大小，设置窗体的"StartPosition"属性为"CenterScreen"。

（2）在窗体中添加一个"PictureBox"控件，设置"InitialImage"属性，如图 11-5 所示。

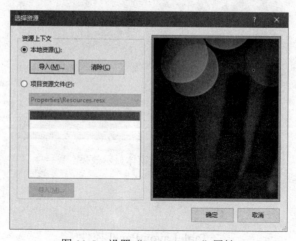

图 11-5　设置"InitialImage"属性

（3）在窗体中添加三个"Button"控件和三个"Timer"控件，效果如图 11-6 所示。

图 11-6　窗体效果图

（4）设计"十字效果"代码。

① 添加全局变量。

```
Graphics g;
int a, b;
Image img;
```

② 编写"十字效果"按钮代码。

```
private void btnshizi_Click(object sender, EventArgs e)
{
    a = 0;
    b = 0;
    g = pbImage.CreateGraphics();
    SolidBrush sb = new SolidBrush(Color.White);
    g.Clear(pbImage.BackColor);

    timerone.Enabled = true;
    timertwo.Enabled = false;
    timerthree.Enabled = false;
}
```

③ 编写计时器代码，完成功能。

```csharp
private void timerone_Tick(object sender, EventArgs e)
{
    if (a / 2 >= 0 && b / 2 >= 0)
    {
        img = Image.FromFile("464d5720b7858576c995590e[1].jpg");

        g = pbImage.CreateGraphics();
        TextureBrush tb = new TextureBrush(img);

        g.FillRectangle(tb, new Rectangle(0, 0, a, b));
        g.FillRectangle(tb, new Rectangle(pbImage.Width - a, 0, a, b));
        g.FillRectangle(tb, new Rectangle(0, pbImage.Height - b, a, b));
        g.FillRectangle(tb, new Rectangle(pbImage.Width - a, pbImage.Height - b, a, b));

        a += 10 * pbImage.Width / pbImage.Height;
        b += 10;
    }
    else
    {
        timerone.Enabled = false;
    }
}
```

(5) 设计"切入"效果。

① 编写"切入"按钮代码。

```csharp
private void btnqieru_Click(object sender, EventArgs e)
{
    a = 0;
    b = 0;
    g = pbImage.CreateGraphics();
    SolidBrush sb = new SolidBrush(Color.White);
    g.Clear(pbImage.BackColor);

    timertwo.Enabled = true;
    timerone.Enabled = false;
    timerthree.Enabled = false;
}
```

② 编写计时器代码，完成功能。

```csharp
private void timertwo_Tick(object sender, EventArgs e)
{
```

```
            if (a / 2 >= 0)
            {
                img = Image.FromFile("464d5720b7858576c995590e[1].jpg");

                g = pbImage.CreateGraphics();
                TextureBrush tb = new TextureBrush(img);

                g.FillRectangle(tb, new Rectangle(0, 0, a, b));
                g.FillRectangle(tb, new Rectangle(pbImage.Width + a, 0, a, b));
                g.FillRectangle(tb, new Rectangle(0, pbImage.Height + b, a, b));
            g.FillRectangle(tb, new Rectangle(pbImage.Width + a, pbImage.Height + b, a, b));

                a += 10 * pbImage.Width / pbImage.Height;
                b += 10;
            }
            else
            {
                timertwo.Enabled = false;
            }
        }
```

(6) 设计"反向十字"效果。

① 编写"切入"按钮代码。

```
private void btnfanxiang_Click(object sender, EventArgs e)
{
    a = pbImage.Width / 2;
    b = pbImage.Height / 2;
    g = pbImage.CreateGraphics();
    SolidBrush sb = new SolidBrush(Color.White);
    g.Clear(pbImage.BackColor);

    timerthree.Enabled = true;
    timerone.Enabled = false;
    timertwo.Enabled = false;
}
```

② 编写计时器代码,完成功能。

```
private void timerthree_Tick(object sender, EventArgs e)
    {
        if (a / 2 >= 0 && b / 2 >= 0)
        {
```

```
                img = Image.FromFile("464d5720b7858576c995590e[1].jpg");

                g = pbImage.CreateGraphics();
                TextureBrush tb = new TextureBrush(img);
                SolidBrush sb = new SolidBrush(Color.White);

                g.FillRectangle(tb, new Rectangle(a, 0, pbImage.Width - a * 2, pbImage.Height));
                g.FillRectangle(tb, new Rectangle(0, b, pbImage.Width, pbImage.Height - 2 * b));

                a -= 2 * pbImage.Width / pbImage.Height;
                b -= 2;
            }
            else
            {
                timerthree.Enabled = false;
            }
        }
```

（7）调试运行程序，观察效果。

提示/备注：十字动态效果还有很多种，读者可以根据自己的喜好或作品的需要设计称心的显示效果。

【知识拓展】

按 F1 键，查看 MSDN 上关于 FillRectangle()的信息，将与其相关的详细内容记下来。

任务三　设计淡入效果功能

【任务描述】

设计图片的淡入显示动态效果。

【任务实施】

（1）为项目添加一个新的 Windows 窗体，取名为 FrmSecond.cs，调整窗体大小，设置窗体的"StartPosition"属性为"CenterScreen"。

（2）在窗体中添加一个"PictureBox"控件，设置属性，如图 11-7 所示。

（3）在窗体中添加一个"Label"控件，设置"BackColor"属性为"Transparent"，设置"ForeColor"属性为"Red"，设置"Text"属性为"单击图片框显示图片"。

项目十一　图片切换动画效果

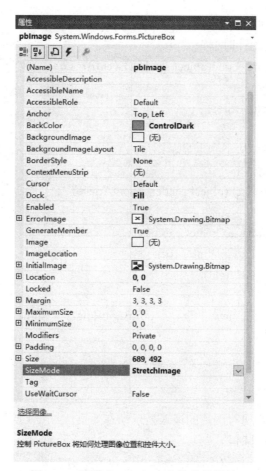

图 11-7　设置"PictureBox"控件的属性

（4）在窗体中添加 2 个"Timer"控件，窗体效果如图 11-8 所示。

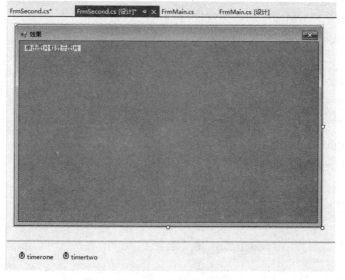

图 11-8　窗体效果图

（5）设计窗体加载时的动态效果。
① 窗体加载时，启动计时器。

```csharp
private void FrmSecond_Load(object sender, EventArgs e)
{
    timertwo.Enabled = true;
}
```

② 设计计时器功能，从下到上显示图片。

```csharp
int sum = 5;
private void timertwo_Tick(object sender, EventArgs e)
{
    Graphics g = pbImage.CreateGraphics();
    Pen p = new Pen(Color.White, 10f);
    if (sum < pbImage.Height)
    {
        g.DrawLine(p, new Point(0, pbImage.Height - sum), new Point(pbImage.Width, pbImage.Height - sum));
        sum += 5;
    }
}
```

（6）单击图片框，实现对图片的淡入显示动态效果。
① 单击图片，启动计时器。

```csharp
private void pbImage_Click(object sender, EventArgs e)
{
    timerone.Enabled = true;
}
```

② 自定义方法 NewMethod()，实现图片的淡入效果。

```csharp
private void NewMethod()
{
    Graphics g = pbImage.CreateGraphics();
    Image im = new Bitmap("b.jpg");
    ImageAttributes ima = new ImageAttributes();
    int width = im.Width;
    int height = im.Height;

    float[][] f = {
                    new float[] {1, 0, 0, 0, 0},
                    new float[] {0, 1, 0, 0, 0},
                    new float[] {0, 0, 1, 0, 0},
                    new float[] {0, 0, 0, 0.1f, 0},
```

项目十一 图片切换动画效果

```
                new float[] {0, 0, 0, 0, 1}
            };
        ColorMatrix colorMatrix = new ColorMatrix(f);
        ima.SetColorMatrix(colorMatrix, ColorMatrixFlag.Default, ColorAdjustType.Bitmap);
        g.DrawImage(im, new Rectangle(0, 0, pbImage.Width, pbImage.Height), 0, 0, width,
height, GraphicsUnit.Pixel, ima);
    }
```

③ 在计时器中调用自定义方法 NewMethod()。

```
    private void timerone_Tick(object sender, EventArgs e)
    {
        NewMethod();
    }
```

（7）调试运行程序，观察效果。

【知识拓展】

按 F1 键，查看 MSDN 上关于 DrawImage()方法的信息，将与其相关的详细内容记下来。

任务四　设计百叶窗效果功能

【任务描述】

设计图片显示的百叶窗动态效果。

【任务实施】

（1）为项目添加一个新的 Windows 窗体，取名为 FrmThird.cs，调整窗体大小，设置窗体的"StartPosition"属性为"CenterScreen"。

（2）在窗体中添加一个"FlowLayoutPanel"控件和一个"PictureBox"控件，其中"PictureBox"控件的属性如图 11-9 所示。

（3）在窗体中添加一个"Button"控件。

（4）设计"百叶窗效果"代码。

① 设计自定义方法。

```
PictureBox[] PB;
Graphics g;
Image im;
public void Inster()
{
    im = pbImage.Image;
    PB = new PictureBox[6];
```

```csharp
for (int i = 0; i < 6; i++)
{
    PB[i] = new PictureBox();
    PB[i].Width = im.Width / 1;
    PB[i].Height = im.Height / 6;
    PB[i].BorderStyle = BorderStyle.None;
    PB[i].Margin = new Padding(0, 0, 0, 0);
    this.flowLayoutPanel.Controls.Add(PB[i]);
}
this.flowLayoutPanel.Width = pbImage.Width;
this.flowLayoutPanel.Height = pbImage.Height;
}
```

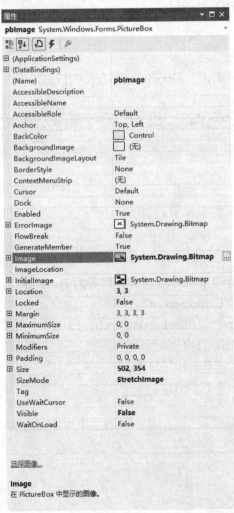

图 11-9 "PictureBox" 控件的属性

② 编写"百叶窗"按钮代码。

```
private void btnbyc_Click(object sender, EventArgs e)
{
    Inster();
    for (int k = 0; k < im.Height / 6; k++)
    {
        for (int i = 0; i < 6; i++)
        {
            g = this.PB[i].CreateGraphics();

            Rectangle Small = new Rectangle(0, k, im.Width, 1);
            Rectangle Move = new Rectangle(0, im.Height / 6 * i + k, im.Width, 1);

            Application.DoEvents();

            System.Threading.Thread.Sleep(10);//睡眠
            Application.DoEvents();
            g.DrawImage(im, Small, Move, GraphicsUnit.Pixel);
        }
    }
}
```

（5）调试运行程序，观察效果。

提示/备注：百叶窗效果还有很多动态展示，读者可以自行设计。

任务五　设计随机线效果功能

【任务描述】

本任务根据用户输入的显示速度，以随机线效果动态显示图片。

【任务实施】

（1）为项目添加一个新的 Windows 窗体，取名为 FrmFourth.cs，按图 11-10 所示设置窗体的各属性。

（2）在窗体中添加一个"PictureBox"控件，命名为"pbImage"。

（3）在窗体中添加一个"GroupBox"控件，"Dock"属性设置为"Bottom"，"Text"属性设置为"操作区"。

（4）在"GroupBox"控件中添加一个"Button"控件，"Text"属性设置为"显示效果"，添加一个"Label"控件、一个"Timer"控件，以及一个"NumericalUpDown"控件，并将其

"Maximum"属性设置为"1000","Value"属性设置为"15"。窗体效果如图11-11所示。

图11-10 窗体属性设置

图11-11 窗体效果

(5)自定义方法,初始化图片。

```
Image myI;
Graphics g;
public void newImage()
{
    myI = Image.FromFile("21c884c4a1f323599d163ded.jpg");
    g = this.pbImage.CreateGraphics();
    pbImage.Width = myI.Width;
    pbImage.Height = myI.Height;
    g.Clear(this.BackColor);
}
```

(6)设计"显示效果"按钮代码。

```
private void btshow_Click(object sender, EventArgs e)
{
    newImage();
    timer.Enabled = true;
}
```

(7)设计计时器代码。

```
private void timer_Tick(object sender, EventArgs e)
{
```

```
        timer.Interval = int.Parse(nupspeed.Value.ToString());

        g = this.pbImage.CreateGraphics();
        Random r = new Random();
        Brush tb = new TextureBrush(myI, new Rectangle(new Point(0, 0), new Size(pbImage.Width, pbImage.Height)));

        List<int> li = new List<int>();
        while (true)
        {
            int a = r.Next(0, pbImage.Height);
            if (li.Contains(a))
            {
                g.FillRectangle(tb, new Rectangle(new Point(0, a), new Size(pbImage.Width, 1)));
                break;
            }
            else
            {
                li.Add(a);
                g.FillRectangle(tb, new Rectangle(new Point(0, a), new Size(pbImage.Width, 1)));
            }
        }
        g.Dispose();
    }
```

（8）调试运行程序，观察效果。

【知识拓展】

按 F1 键，查看 MSDN 上关于 FillRectangle()方法的信息，将与其相关的详细内容记下来。

任务六　设计盒状效果功能

【任务描述】

本任务根据用户输入的变化时间，从四周向中间以盒状效果动态显示图片并反向显示。

【任务实施】

（1）为项目添加一个新的 Windows 窗体，取名为"FrmFifth.cs"。调整窗体大小，设置窗体的"StartPosition"属性为"CenterScreen"。

（2）在窗体中添加一个"Button"控件、一个"Label"控件和一个"NumericUpDown"，效果如图11-12所示。

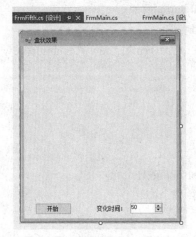

图 11-12　窗体效果图

（3）设计"开始"按钮代码。

```
private void btnStart_Click(object sender, EventArgs e)
{
    Graphics g = this.CreateGraphics();
    g.Clear(this.BackColor);
    Image myIm = Image.FromFile("j.jpg");
    Image myIm1 = Image.FromFile("white.jpg");
    int x = myIm.Width / 5 * 2;
    int y = myIm.Height / 5 * 2;
    int width = myIm.Width / 5;
    int height = myIm.Height / 5;
    for (int i = 0; i < myIm.Width / 5 * 2; i++)
    {
        Rectangle destRect = new Rectangle(x - i, y - i, width + i * 2, height + i * 2);
        Rectangle srcRect = new Rectangle(x - i, y - i, width + i * 2, height + i * 2);

        Application.DoEvents();
        g.DrawImage(myIm, destRect, srcRect, GraphicsUnit.Pixel);
        Thread.Sleep(Convert.ToInt32(Convert.ToInt32(numericUpDown.Value)));
    }
    x = 0;
    y = 0;
    width = myIm1.Width;
    height = myIm1.Height;
```

```
            for (int i = 0; i <= myIm1.Width / 2; i++)
            {
                Rectangle destRect = new Rectangle(x + i, y + i, width - i * 2, height - i * 2);
                Rectangle srcRect = new Rectangle(x + i, y + i, width - i * 2, height - i * 2);

                BufferedGraphics grafx;
                BufferedGraphicsContext context = BufferedGraphicsManager.Current;

                grafx = context.Allocate(this.CreateGraphics(), new Rectangle(0, 0, width, height));
                grafx.Graphics.DrawImage(myIm, new Rectangle(0, 0, width, height));
                grafx.Graphics.DrawImage(myIm1, destRect, srcRect, GraphicsUnit.Pixel);

                Thread.Sleep(Convert.ToInt32(Convert.ToInt32(numericUpDown.Value)));
                grafx.Render(g);
            }
        }
```

（4）调试运行程序，观察效果。

【知识拓展】

按 F1 键，查看 MSDN 上关于 DrawImage()方法的信息，将与其相关的详细内容记下来。

任务七 设计放大效果功能

【任务描述】

本任务根据用户选择的放大时显示图片的速度，将图片放大显示。

【任务实施】

（1）为项目添加一个新的 Windows 窗体，取名为"FrmSixth.cs"。调整窗体大小，设置窗体的"StartPosition"属性为"CenterScreen"。

（2）在窗体中添加一个"TableLayoutPanel"控件，其"Dock"设置为"Fill"，"ColumnCount"和"RowCount"属性都设置为 3。

（3）在窗体中添加一个"PictureBox"控件，在其中添加一个图片，设置"SizeMode"属性为"StretchImage"。

（4）在窗体中添加一个"Button"控件、一个"Timer"控件，以及一个"ComboBox"控件，其"Item"属性设置如图 11-13 所示，整体设计窗体如图 11-14 所示。

图 11-13 "ComboBox" 控件的 "Item" 属性设置

图 11-14 窗体设计界面

（5）设计"开始"按钮代码。

```csharp
private void btnStart_Click(object sender, EventArgs e)
{
    switch (cbSpeed.SelectedIndex)
    {
        case 0:
            timer.Interval = 350;
            break;
        case 1:
            timer.Interval = 300;
            break;
        case 2:
            timer.Interval = 250;
            break;
        case 3:
            timer.Interval = 200;
            break;
        case 4:
            timer.Interval = 150;
            break;
        case 5:
            timer.Interval = 50;
            break;
    }
    timer.Enabled = true;
}
```

（6）设计计时器代码。

```
private void timer_Tick(object sender, EventArgs e)
{
    if (tableLayoutPanel.RowStyles[0].Height - 0.5f > 0 && tableLayoutPanel.ColumnStyles[0].Width - 0.5f > 0)
    {
        tableLayoutPanel.ColumnStyles[0].Width -= 0.5f;
        tableLayoutPanel.ColumnStyles[2].Width -= 0.5f;
        tableLayoutPanel.RowStyles[0].Height -= 0.5f;
        tableLayoutPanel.RowStyles[2].Height -= 0.5f;
    }
    else
    {
        tableLayoutPanel.ColumnStyles[0].Width = tableLayoutPanel.Width * 0.1425f; ;
        tableLayoutPanel.ColumnStyles[1].Width = 395;
        tableLayoutPanel.ColumnStyles[2].Width = tableLayoutPanel.Width * 0.1425f; ;
        tableLayoutPanel.RowStyles[0].Height = tableLayoutPanel.Height * 0.1731f;
        tableLayoutPanel.RowStyles[1].Height = 295;
        tableLayoutPanel.RowStyles[2].Height = tableLayoutPanel.Height * 0.1731f;
        timer.Enabled = false;
    }
}
```

（7）调试运行程序，观察效果。

任务八　设计擦除效果功能

【任务描述】

本任务将图片以擦除效果动态显示。

【任务实施】

（1）为项目添加一个新的 Windows 窗体，取名为 FrmSeventh.cs，调整窗体大小，设置窗体的"StartPosition"属性为"CenterScreen"。

（2）在窗体中添加一个"Button"控件和一个"PictureBox"控件，效果如图 11-15 所示。

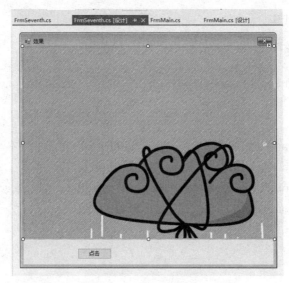

图 11-15 窗体效果图

（3）设计"点击"按钮代码。

```
Rectangle r1;
Rectangle r2;
Rectangle r3;

private void btnStart_Click(object sender, EventArgs e)
{
    Image im = Image.FromFile("b.jpg");

    Graphics g = pbImage.CreateGraphics();
    r3 = new Rectangle(new Point(0, 0), new Size(im.Width, im.Height));
    SolidBrush B = new SolidBrush(Color.Black);
    g.FillRectangle(B, r3);
    for (double i = 0; i <= pbImage.Height; i += 1)
    {
        r1 = new Rectangle(new Point(0, 0), new Size(im.Width, Convert.ToInt32(i)));
        r2 = new Rectangle(new Point(0, 0), new Size(im.Width, Convert.ToInt32(i)));

        g.DrawImage(im, r1, r2, GraphicsUnit.Pixel);
    }
    //g.Dispose();
}
```

（4）调试运行程序，观察现象。

学习者通过编写各种动态效果,可以为自己设计的项目增色,同时,对图形图像的处理方法有了更深的了解。

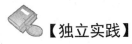

项目描述:

任务单

1	
2	
3	
4	
5	
6	
7	
8	

任务一:_____

任务二:_____

任务三:_____

任务四:_____

任务五:_____

任务六:_____

任务七:_____

任务八:_____

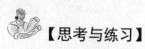
【思考与练习】

1. 设计图片马赛克显示效果。
2. 将本项目的任务改写成窗体切换的动态效果。

项目十二
绘制成绩分布柱形图

小张是一位中学老师,每学期期中、期末考试后,都要进行成绩分析,并绘制成绩分布图。现在小张决定用 C#中的 GDI+技术实现成绩分布柱形图的绘制。

【项目描述】

绘制成绩分布图主要有三个任务:
1. 定义成绩数组并统计成绩百分比。
2. 绘制 X 和 Y 坐标轴。
3. 绘制柱形图。

【项目需求】

建议配置:主频 2.2 GHz 或以上的 CPU、1 GB 或更大容量的 RAM、分辨率为 1 280×1 024 像素的显示器、7 200 r/min 或更高转速的硬盘。

操作系统:Windows 7 或以上;

开发软件:Visual Studio 2012 中文版(含 MSDN)。

提供真实成绩分布柱形图画面作为参照,如图 12-1 所示。

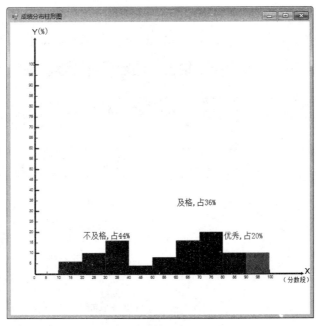

图 12-1 成绩分布柱形图画面

- 165 -

【相关知识点】

建议课时：4 节课。

相关知识：数组的定义和使用，随机数，Graphics 类，DrawLine、DrawString 和 FillRectangle 等相关方法，GDI+的坐标系统。

【项目分析】

设计该项目的主要步骤：
1. 定义学生成绩数组，并利用随机数给数组赋初值，统计各分数段人数的成绩百分比。
2. 绘制数学系统中的 X 和 Y 坐标轴。
3. 绘制柱形图。

任务一　定义学生数组并统计成绩百分比

【任务描述】

定义学生成绩数组，并利用随机数给数组赋初值，统计各分数段人数的成绩百分比（有 10 个分数段）和所占优秀（80～100 分）、及格（60～79 分）和不及格（60 分以下）人数的成绩百分比。

【任务实施】

（1）新建一个 Windows 项目，在模板中选择"Windows 窗体应用程序"，将项目名称设为"Score Chart"，位置设为"E:\CsharpApp\Examples"（或其他位置），如图 12-2 所示。

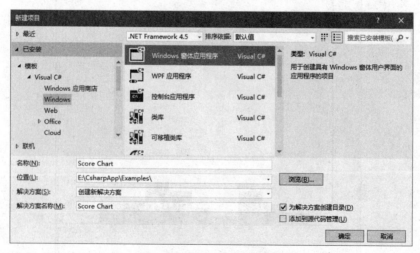

图 12-2　新建项目设置界面

（2）设置该窗体属性，见表 12-1。"属性"对话框如图 12-3 所示。

项目十二　绘制成绩分布柱形图

表 12-1　窗体属性

属　　性	取值/说明
Name	FormScore/窗体类名称
Size	631, 625/窗体尺寸大小（宽,高）
StartPosition	CenterScreen/屏幕正中
Text	成绩分布柱形图/窗体标题

图 12-3　"属性"对话框

（3）在 FormScore 窗体的 Paint 事件中编写代码，定义学生成绩数组 score，并利用随机数给数组赋初值。

```
private void FormScore_Paint(object sender, PaintEventArgs e)
{
    int[] score = new int[50];            //定义一个包含 50 个学生成绩的数组 score
    Random r = new Random();              //产生随机数种子
    for (int i = 0; i <= score.Length - 1; i++)//循环产生 50 个随机成绩
    {
        score[i] = r.Next(9, 101);        //每个成绩在 10～100 分之间
```

            }
    }

> **提示/备注**：本项目画面均在窗体的 Paint 事件中呈现，故本项目剩余代码均在 FormScore_Paint 中。由于成绩是随机产生的，所以每次呈现的柱形图是各不相同的。

（4）统计各分数段人数的成绩百分比，结果存放在 num 数组中。

```
float[] num = new float[10];
    for (int i = 0; i <= num.Length - 1; i++)          //各分数段人数赋初值为零
    {
        num[i] = 0;
    }
    foreach (int aa in score)                          //统计各分数段人数
    {
        int s = aa / 10;
        switch (s)
        {
            case 10:
            case 9:
                num[9]++;
                break;
            case 8:
                num[8]++;
                break;
            case 7:
                num[7]++;
                break;
            case 6:
                num[6]++;
                break;
            case 5:
                num[5]++;
                break;
            case 4:
                num[4]++;
                break;
            case 3:
                num[3]++;
                break;
            case 2:
```

```
                num[2]++;
                break;
            case 1:
                num[1]++;
                break;
            default:
                num[0]++;
                break;
        }
    }
    for (int i = 0; i <= num.Length - 1; i++)     //计算各段人数的成绩百分比
    {
        num[i] = ((float)num[i] /score.Length);
    }
```

提示/备注：循环给数组赋初值时，可以使用 for 语句，不能使用 foreach 语句；在遍历数组（集合）时，建议使用 foreach 语句。

（5）计算所占优秀、及格和不及格人数的成绩百分比。

```
float x =num[9] + num[8];                                    //优秀人数百分比
float y =num[7] + num[6];                                    //及格人数百分比
float z = num[0] + num[1] + num[2] + num[3] + num[4] + num[5];   //不及格人数百分比
```

【理论知识】

① 数组；
② 集合的遍历；
③ 循环；
④ 随机数；
⑤ 多条件分支语句——switch 语句。

任务二　绘制数学系统中的 X 和 Y 坐标轴

【任务描述】

绘制带箭头的 X 轴、Y 轴，以及 2 个坐标轴上的刻度和文字，难点是计算坐标轴上的刻度和文字的位置。

【任务实施】

(1) 绘制带箭头的 X 轴。

```
using (Graphics g = this.CreateGraphics())//创建 Graphics 对象
    {
        g.Clear(Color.White);
        g.SmoothingMode = SmoothingMode.AntiAlias;
        //指定 Graphics 呈现质量为边缘抗锯齿呈现
        g.TranslateTransform(50, this.Height - 120);
        //转移原点坐标位置至当前所绘坐标的原点位置
        Pen px = new Pen(Color.Black, 3f);              //定义钢笔对象
        px.EndCap = LineCap.ArrowAnchor; //指定钢笔对象的线帽样式为箭头状
        g.DrawLine(px, 0, 0, this.Width - 80, 0);       //绘制带箭头的 X 轴
    }
```

提示/备注:Graphics 对象 g 在 using 中产生,故在使用完毕后无须使用 Dispose 方法即可释放对象。后续代码均在 using 的{ }中。

(2) 绘制 X 轴上的文字"X"和"分数段"文字。

```
g.DrawString("X", new Font("Arial Unicode MS", 12f), Brushes.Black, new Point(this.Width - 80, -16));
g.DrawString("(分数段)", new Font("宋体", 10f), Brushes.Blue, new Point(this.Width - 130, 7));
```

(3) 绘制 X 轴上的 10,20,30,…,100 的刻度。

```
Pen pf = new Pen(Color.Black, 2f);     //定义新的钢笔对象以绘制刻度线
for (int i = 1; i <= 10; i++)          //绘制 10,20,30,…,100 分的刻度
    {
        g.TranslateTransform(48, 0);
        g.DrawLine(pf, 0, 0, 0, -8);
    }
```

(4) 绘制 X 轴上的 5,15,25,…,95 的刻度。

```
g.ResetTransform();                    //坐标恢复至原始位置(窗体左上角)
g.TranslateTransform(50, this.Height - 120);
//转移原点坐标位置至当前所绘坐标的原点位置

Pen pff = new Pen(Color.Black, 1f);    //定义更细的钢笔对象
g.TranslateTransform(24, 0);
for (int i = 1; i <= 10; i++)          //绘制 5,15,25,…,95 的刻度
    {
        g.DrawLine(pff, 0, 0, 0, -5);
```

```
        g.TranslateTransform(48, 0);
    }
```

（5）绘制 X 轴上的 5，10，15，20，25，…，100 的文字。

```
g.ResetTransform();
  g.TranslateTransform(50, this.Height - 120);
  int sc= 0;
  for (int i = 1; i <= 21; i++)          //绘制 5，10，15，20，25，…，100 的文字
  {
        g.DrawString(sc.ToString(), new Font("Arial Unicode MS", 6f), Brushes.Blue, new Point(-5, 1));
        g.TranslateTransform(24, 0);
        sc += 5;
  }
```

运行结果如图 12-4 所示。

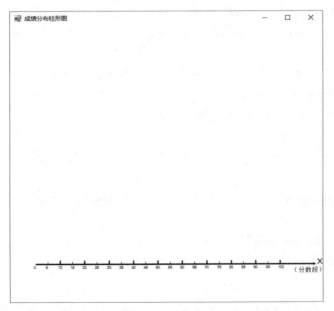

图 12-4　运行结果

（6）绘制带箭头的 Y 轴。

```
g.ResetTransform();
g.TranslateTransform(50, this.Height - 120);
g.DrawLine(px, 0, 0, 0, -this.Height + 150);
```

（7）绘制 Y 轴上的文字"Y"和"%"文字。

```
g.DrawString("Y", new Font("Arial Unicode MS", 12f), Brushes.Black, new Point(-8, -this.Height + 128));
  g.DrawString("(%)", new Font("宋体", 12f), Brushes.Blue, new Point(2, -this.Height + 130));
```

（8）绘制 Y 轴上的 10，20，30，…，100 的刻度。

```
g.ResetTransform();
 g.TranslateTransform(50, this.Height - 120);
 for (int i = 1; i <= 10; i++)              //绘制 10，20，30，…，100 的刻度
 {
     g.TranslateTransform(0, -42);
     g.DrawLine(pf, 0, 0, 8, 0);
 }
```

（9）绘制 Y 轴上的 5，15，25，…，95 的刻度。

```
g.ResetTransform();
 g.TranslateTransform(50, this.Height - 120);
 g.TranslateTransform(0, -21);
 for (int i = 1; i <= 10; i++)              //绘制 5，15，25，…，95 的刻度
 {
     g.DrawLine(pff, 0, 0, 5, 0);
     g.TranslateTransform(0, -42);
 }
```

（10）绘制 Y 轴上的 5，10，15，20，25，…，100 的文字。

```
g.ResetTransform();
 g.TranslateTransform(50, this.Height - 120);
 int ba = 5;
 for (int i = 1; i <= 20; i++)              //绘制 5，10，15，20，25，…，100 的文字
 {
     g.DrawString(ba.ToString(), new Font("Arial Unicode MS", 6f), Brushes.Blue, new Point(-13, -28));
     g.TranslateTransform(0, -21);
     ba += 5;
 }
```

提示/备注：本任务的 4～6、8～10 步骤中，开始均把坐标恢复至原始位置，再把原点转移至当前所绘坐标的原点位置，这样坐标计算不容易出错，是一种技巧，后续代码中还将继续使用。

运行结果如图 12-5 所示。

项目十二 绘制成绩分布柱形图

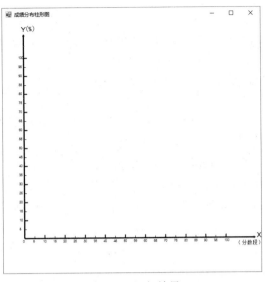

图 12-5 运行结果

任务三 绘制柱形图

【任务描述】

根据任务一中的各分数段人数所占百分比绘制成绩分布柱形图,并绘制占优秀、及格和不及格人数所占百分比的文字。

【任务实施】

(1)绘制不及格的六段分数百分比柱形图,不及格的柱形颜色设置渐变的红色。

```
g.ResetTransform();
g.TranslateTransform(50, this.Height - 120);
Brush b = new SolidBrush(Color.FromArgb(60, 0, 0));
g.FillRectangle(b, 0, -num[0] * 420, 48, num[0] * 420);        //绘制 0~9 分分数段柱形

b = new SolidBrush(Color.FromArgb(80, 0, 0));
g.TranslateTransform(48, 0);
g.FillRectangle(b, 0, -num[1] * 420, 48, num[1] * 420);        //绘制 10~19 分分数段柱形

b = new SolidBrush(Color.FromArgb(100, 0, 0));
g.TranslateTransform(48, 0);
g.FillRectangle(b, 0, -num[2] * 420, 48, num[2] * 420);        //绘制 20~29 分分数段柱形

  b = new SolidBrush(Color.FromArgb(120, 0, 0));
```

- 173 -

g.TranslateTransform(48, 0);
g.FillRectangle(b, 0, -num[3] * 420, 48, num[3] * 420);   //绘制 30～39 分分数段柱形

b = new SolidBrush(Color.FromArgb(140, 0, 0));
g.TranslateTransform(48, 0);
g.FillRectangle(b, 0, -num[4] * 420, 48, num[4] * 420);   //绘制 40～49 分分数段柱形

b = new SolidBrush(Color.FromArgb(160, 0, 0));
g.TranslateTransform(48, 0);
g.FillRectangle(b, 0, -num[5] * 420, 48, num[5] * 420);   //绘制 50～59 分分数段柱形

提示/备注：利用 FillRectangle 绘制填充矩形区域（柱形）时，由于 GDI+的 Y 轴往下是正方向，而实际数学系统中的 Y 轴往上是正的，故在矩形的左上角位置，Y 坐标取负值。

（2）绘制不及格人数所占百分比的文字。

g.DrawString("不及格,占" + (z * 100).ToString() + "%", new Font("宋体", 12f), Brushes.Blue, new PointF(-48 * 3, -z * 420+100));

运行结果如图 12-6 所示。

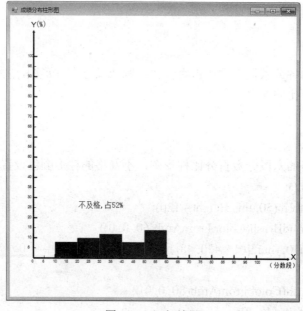

图 12-6　运行结果

（3）绘制及格的两段分数百分比柱形图，及格的柱形颜色设置成渐变的蓝色。

b = new SolidBrush(Color.FromArgb(0, 0, 150));
g.TranslateTransform(48, 0);
g.FillRectangle(b, 0, -num[6] * 420, 48, num[6] * 420);   //绘制 60～69 分分数段柱形

b = new SolidBrush(Color.FromArgb(0, 0, 200));

g.TranslateTransform(48, 0);
g.FillRectangle(b, 0, -num[7] * 420, 48, num[7] * 420);   //绘制 70～79 分分数段柱形

（4）绘制及格人数所占百分比的文字。

g.DrawString("及格,占" + (y * 100).ToString() + "%", new Font("宋体", 12f), Brushes.Blue, new PointF(-48, -y * 420));

运行结果如图 12-7 所示。

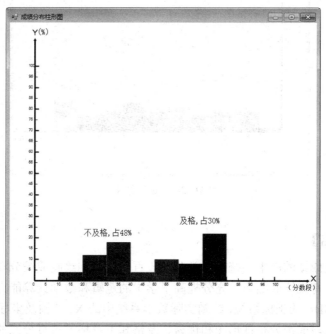

图 12-7 运行结果

（5）绘制优秀的两段分数百分比柱形图，优秀的柱形颜色设置为渐变的绿色。

b = new SolidBrush(Color.FromArgb(0,100,0));
g.TranslateTransform(48, 0);
g.FillRectangle(b, 0, -num[8] * 420, 48, num[8] * 420);   //绘制 80～89 分分数段柱形

b = new SolidBrush(Color.FromArgb(0, 200, 0));
g.TranslateTransform(48, 0);
g.FillRectangle(b, 0, -num[9] * 420, 48, num[9] * 420);   //绘制 90～100 分分数段柱形

（6）绘制优秀人数所占百分比的文字。

g.DrawString("优秀,占" + (x * 100).ToString() + "%", new Font("宋体", 12f), Brushes.Green, new PointF(-48, -x * 420));

运行结果如图 12-8 所示。

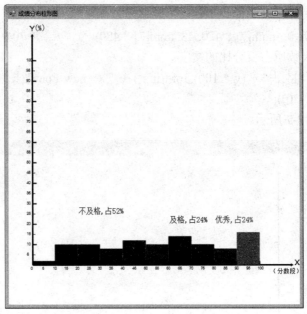

图 12-8 运行结果

【项目小结】

本项目从学生成绩的产生、统计各类分数段百分比，到绘制成绩分布柱形图，充分结合了循环语句来绘制有规律的图形，充分提高了学生的逻辑和数学计算能力。本项目能很好地利用前一项目中 GDI+ 的坐标系统，绘制实际数学系统中的 X、Y 轴及坐标轴上的刻度、文字，最后绘制了各分数段成绩分布柱形图和优秀、及格和不及格所占百分比的文字，为用户完整地呈现了成绩分布柱形图。本项目是循环、条件分支、随机数、数组和 GDI+ 中图形处理基础知识的全面应用。

【独立实践】

项目描述：

任务单

1	
2	
3	
4	
5	

任务一：_____

任务二：_____

任务三：_____

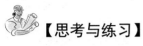
【思考与练习】

1. 随机成绩的生成能否改成从数据库导入？如何完成？
2. 观察六段不及格分数段柱形图的绘制是否有规律，你能把它们写成循环吗？
3. 请学生参照本项目案例，绘制成绩分布饼图和折线图。

第四篇

I/O 操作篇

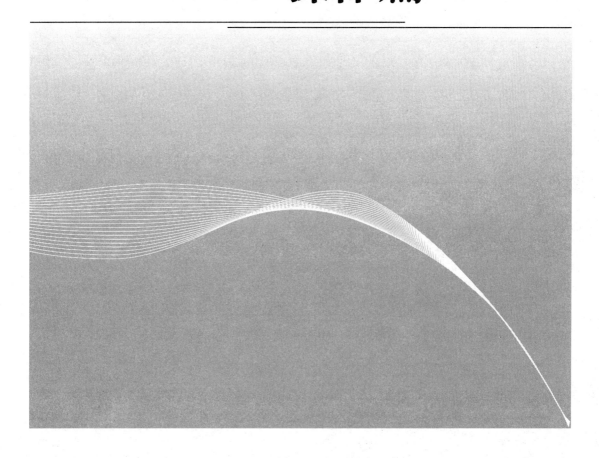

项目十三
批量修改文件名

【项目描述】

批量修改文件名主要有三个任务：
1. 设计界面。
2. 显示 Windows 系统驱动器内容。
3. 批量修改文件名。

【项目需求】

建议配置：主频 2.2 GHz 或以上的 CPU、1 GB 或更大容量的 RAM、分辨率为 1 280×1 024 像素的显示器、7 200 r/min 或更高转速的硬盘。

操作系统：Windows 7 或以上。

开发软件：Visual Studio 2012 中文版（含 MSDN）。

【相关知识点】

建议课时：8 节课。

相关知识：动态链接库 kernel32.dll；Directory 类及 GetDirectories、GetFiles 和 GetLastWriteTime 等相关方法；Path 类及 GetExtension、GetFileName 等相关方法；FileInfo 类及 Length、LastWriteTime 等相关方法；StreamWriter 类及 Write、Close 等相关方法；StreamReader 类及 Peek、ReadLine 等相关方法。

【项目分析】

批量修改器主要的步骤：
1. 设计界面，设置各个窗体、控件的属性。
2. 列出系统中的所有逻辑驱动器，显示在主窗体的树视图中，并列出硬盘中的所有目录和文件。
3. 显示指定类型的文件，实现批量修改文件名。

任务一 设计界面

【任务描述】

新建项目,并在窗体上设计批量修改文件名界面。

【任务实施】

(1) 新建一个 Windows 项目,在模板中选择"Windows 窗体应用程序",将项目名称设为"ModifyFile",位置设为"E:\CsharpApp\Examples"(或其他位置),如图 13-1 所示。

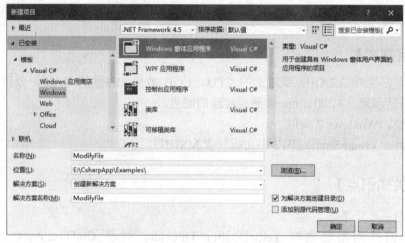

图 13-1 新建项目设置界面

(2) 向主窗体左侧添加一个树视图控件 tvDir,将其 Anchor 属性设置为 Top、Bottom、Left。向主窗体右侧添加一个列表视图控件 LvFiles,将其 Anchor 属性设置为 Top、Bottom、Left、Right,然后用列表视图的 Columns 属性打开"ColumnHeader 集合编辑器"对话框,添加 4 列,分别为名称、大小、类型和修改时间,如图 13-2 所示。

图 13-2 "ColumnHeader 集合编辑器"对话框

（3）在列表视图控件 LvFiles 上添加下列控件，如图 13-3 所示。

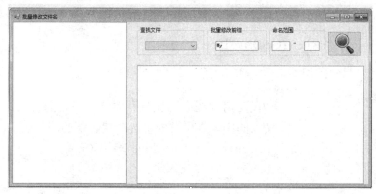

图 13-3 窗体界面

任务二 显示 Windows 系统驱动器

【任务描述】

列出系统中的所有逻辑驱动器，显示在主窗体的树视图中，并列出硬盘中的所有目录和文件。其中的难点主要是动态链接库 kernel32.dll 的使用。参照真实 Windows 系统资源管理器界面。

【任务实施】

（1）需使用动态链接库 kernel32.dll 中的非托管代码，所以在类中添加以下代码：
[DllImport("kernel32")]
static extern uint GetDriveType(string name);
//该函数用来获取磁盘的大小和可用空间
[DllImport("kernel32")]
static extern bool GetDiskFreeSpaceEx(string lpDirectoryName, ref long lpFreeBytesAvailable, ref long lpTotalNumberOfBytes, ref long lpTotalNumberOffFreeBytes);
（2）获取所有逻辑盘并列出硬盘中的所有目录。
public void ListDrives()
    {
        TreeNode tn = new TreeNode("所有逻辑盘");
        //获取系统中的所有逻辑盘
        string[] drives = Directory.GetLogicalDrives();
        //向树视图中添加节点

        tvDir.BeginUpdate();

```csharp
            for (int i = 0; i < drives.Length; i++)
            {
                //根据驱动器的不同类型来确定所进行的操作
                switch (GetDriveType(drives[i]))
                {
                    case 2:                                     //软驱
                        //仅向树视图中添加节点而不列举它的目录
                        //它的图像索引及处于选择状态下的图像索引都为 0
                        tn = new TreeNode(drives[i], 0, 0);
                        break;
                    case 3:                                     //硬盘
                        //除了向树视图中添加节点外,还要列举它的目录
                        tn = new TreeNode(drives[i], 1, 1);
                        ListDirs(tn, drives[i]);                //列举硬盘中的目录
                        break;
                    case 5:                                     //光驱
                        //仅向树视图中添加节点
                        tn = new TreeNode(drives[i], 2, 2);
                        break;
                }
                tvDir.Nodes.Add(tn);                //把创建的节点添加到树视图中
            }

    tvDir.EndUpdate();
    //把 C 盘设为当前选择节点
        tvDir.SelectedNode = tvDir.Nodes[0];
    }
```

(3) 列出指定目录。

```csharp
private void ListDirs(TreeNode tn, string strDir)
    {
        string[] arrDirs;
        TreeNode tmpNode;
        try
        {   //获取指定目录下的所有目录
            arrDirs = Directory.GetDirectories(strDir);
            if (arrDirs.Length == 0) return;
            //把每一个子目录添加到参数传递进来的树视图节点中
            for (int i = 0; i < arrDirs.Length; i++)
            {
```

```
                tmpNode = new TreeNode(Path.GetFileName(arrDirs[i]), 3, 4);
                //对于每一个子目录，都进行递归列举
                ListDirs(tmpNode, arrDirs[i]);
                tn.Nodes.Add(tmpNode);
            }
        }
        catch
        {
            return;
        }
    }
```

（4）列出指定目录下的所有子目录和文件。

```
private void ListFiles(string strDir)
    {
        ListViewItem lvi;
        int nImgIndex;
        string[] items = new string[4];
        string[] files;
        try
        {
            //获取指定目录下的所有文件
            files = Directory.GetFiles(strDir);
        }
        catch
        {
            return;
        }

        //把子目录和文件添加到文件列表视图中
        LvFiles.BeginUpdate();

        //清除列表视图中的所有内容
        LvFiles.Clear();

        //加 4 个列表头
        LvFiles.Columns.AddRange(new System.Windows.Forms.ColumnHeader[] { chName, chSize, chType, chTime });
        //把文件添加到列表视图中
        textBox2.Text =" 0";
```

```csharp
            textBox3.Text = files.Length.ToString ();
            for (int i = 0; i < files.Length; i++)
            {
                string ext = (Path.GetExtension(files[i])).ToLower();
                //根据不同的扩展名来设定列表项的图标
                if (ext == ".txt")
                {
                    nImgIndex = 5;
                }
                else if (ext == ".bmp")
                {
                    nImgIndex = 6;
                }
                else if (ext == ".hlp")
                {
                    nImgIndex = 7;
                }
                else if (ext == ".exe")
                {
                    nImgIndex = 8;
                }
                else
                {
                    nImgIndex = 9;
                }
                items[0] = Path.GetFileName(files[i]);
                FileInfo fi = new FileInfo(files[i]);
                items[1] = fi.Length.ToString();
                items[2] = ext + "文件";
                items[3] = fi.LastWriteTime.ToLongDateString() + " " + fi.LastWriteTime.ToLongTimeString();
                lvi = new ListViewItem(items, nImgIndex);
                LvFiles.Items.Add(lvi);
            }
            LvFiles.EndUpdate();
        }
```

运行结果如图 13-4 所示。

项目十三 批量修改文件名

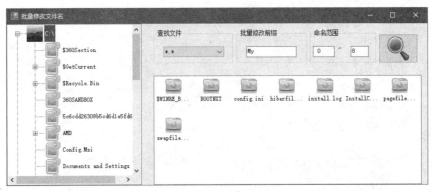

图 13-4 运行结果

【理论知识】

按 F1 键，查看 MSDN 上的 Directory 类、Path 类和 FileInfo 类，将 FileInfo 类中的构造方法及 Directory 类、Path 类中的方法等的详细内容记下来。

任务三 批量修改文件名的实现

【任务描述】

显示指定类型的文件，并批量修改文件名。

【任务实施】

（1）显示指定类型的文件。

```
private void ListTypeFiles(string strDir,string typestring)
    {
        ListViewItem lvi;
        int nImgIndex;
        string[] items = new string[4];
        //string[] dirs;
        string[] files;
        try
        {
            //获取指定目录下的所有子目录
            dirs = Directory.GetDirectories(strDir);
            //获取指定目录下的所有文件
            files = Directory.GetFiles(strDir);
        }
        catch
```

```csharp
        {
            return;
        }

        //把子目录和文件添加到文件列表视图中
        LvFiles.BeginUpdate();

        //清除列表视图中的所有内容
        LvFiles.Clear();

        //加 4 个列表头
        LvFiles.Columns.AddRange(new System.Windows.Forms.ColumnHeader[] { chName, chSize, chType, chTime });
        //把子目录添加到列表视图中
        //for (int i = 0; i < dirs.Length; i++)
        //{
        //    items[0] = Path.GetFileName(dirs[i]);
        //    items[1] = "";
        //    items[2] = "文件夹";
        //    items[3] = Directory.GetLastWriteTime(dirs[i]).ToLongDateString()
        //             + "" + Directory.GetLastWriteTime(dirs[i]).ToLongTimeString();
        //    lvi = new ListViewItem(items, 3);
        //    LvFiles.Items.Add(lvi);
        //}
        //把文件添加到列表视图中
        for (int i = 0; i < files.Length; i++)
        {
            string ext = (Path.GetExtension(files[i])).ToLower();
            //根据不同的扩展名来设定列表项的图标
            if (ext == ".txt")
            {
                nImgIndex = 5;
            }
            else if (ext == ".bmp")
            {
                nImgIndex = 6;
            }
            else if (ext == ".hlp")
            {
```

```
                nImgIndex = 7;
            }
            else if (ext == ".exe")
            {
                nImgIndex = 8;
            }
            else
            {
                nImgIndex = 9;
            }
            //string   j = typestring.Substring(typestring.IndexOf("."));
            if (typestring != "*.*")
            {
                if (ext != typestring.Substring(typestring.IndexOf("."), 4))
                    continue;
            }

            items[0] = Path.GetFileName(files[i]);
            FileInfo fi = new FileInfo(files[i]);
            items[1] = fi.Length.ToString();
            items[2] = ext + "文件";
            items[3] = fi.LastWriteTime.ToLongDateString() + " " + fi.LastWriteTime.ToLongTimeString();
            lvi = new ListViewItem(items, nImgIndex);
            LvFiles.Items.Add(lvi);
        }
        LvFiles.EndUpdate();
    }
```

运行结果如图 13-5 所示。

图 13-5 运行结果

（2）批量修改文件名。

```
private void button1_Click(object sender, EventArgs e)
    {
        string filename;
        string[] files;
        files = Directory.GetFiles(tvDir.SelectedNode.FullPath);
        for (int i = 0; i < files.Length; i++)
        {
            filename = tvDir.SelectedNode.FullPath + "\\" + textBox1.Text + i.ToString() + (Path.GetExtension(files[i])).ToLower(); ;
            File.Move(files[i], filename);
        }

        ListFiles(tvDir.SelectedNode.FullPath);
    }
```

运行结果如图 13-6 所示。

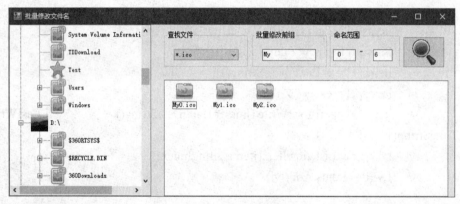

图 13-6　运行结果

【理论知识】

按 F1 键，查看 MSDN 上的 Directory 类、Path 类和 FileInfo 类，将 FileInfo 类中的构造方法及 Directory 类、Path 类中的方法等的详细内容记下来。

【项目小结】

本项目创建了批量修改文件名的界面，实现了显示指定类型的文件和对文件名进行批量修改。通过本项目，学生学会了利用 Directory 类、Path 类和 FileInfo 类来管理文件系统和进行文件操作。

项目十三 批量修改文件名

【独立实践】

项目描述：

<table>
<tr><td colspan="2">任务单</td></tr>
<tr><td>1</td><td></td></tr>
<tr><td>2</td><td></td></tr>
<tr><td>3</td><td></td></tr>
</table>

任务一：_____

任务二：_____

任务三：_____

【思考与练习】

按任务一、任务二中所学的原理实现图 13-7 所示的文件管理器界面。

图 13-7 文件管理器界面

项目十四
模拟资源管理器

【项目描述】

模拟资源管理器主要有三个任务：
1. 设计 Windows 系统资源管理器界面。
2. 显示 Windows 系统驱动器内容。
3. 管理文件和目录。

【项目需求】

建议配置：主频 2.2 GHz 或以上的 CPU、1 GB 或更大容量的 RAM、分辨率为 1 280×1 024 像素的显示器、7 200 r/min 或更高转速的硬盘。

操作系统：Windows 7 或以上。

开发软件：Visual Studio 2012 中文版（含 MSDN）。

提供真实 Windows 系统资源管理器画面作为参照，如图 14-1 所示。

图 14-1 Windows 系统资源管理器画面

【相关知识点】

建议课时：8 节课。

相关知识：动态链接库 kernel32.dll；Directory 类及 GetDirectories、GetFiles 和

GetLastWriteTime 等相关方法；Path 类及 GetExtension、GetFileName 等相关方法；FileInfo 类及 Length、LastWriteTime 等相关方法；StreamWriter 类及 Write、Close 等相关方法；StreamReader 类及 Peek、ReadLine 等相关方法。

【项目分析】

模拟 Windows 系统资源管理器主要的步骤：

1．界面的设计，各个窗体、控件的属性设置。

2．列出系统中的所有逻辑驱动器，显示在主窗体的树视图中，并列出硬盘中的所有目录和文件。

3．浏览、创建、删除文件和目录，同时显示文本文件的内容。

任务一　设计 Windows 系统资源管理器界面

【任务描述】

新建项目，并在窗体上设计 Windows 系统资源管理器界面。

【任务实施】

（1）新建一个 Windows 项目，在模板中选择"Windows 窗体应用程序"，将项目名称设为"ResourceManage"，位置设为"E:\CsharpApp\Examples"（或其他位置），如图 14-2 所示。

图 14-2　新建项目设置界面

（2）向窗体中添加菜单，"文件"菜单的结构见表 14-1。

表 14-1 "文件"菜单的结构

菜 单 项	名 称	标 题
新建文件	miNewFile	新建（&N）
打开文件	miOpenFile	打开（&O）
删除文件	miDeFile	删除（&D）
分隔条	miSep	—
退出程序	miExit	退出（&X）

（3）"目录"菜单的结构见表 14-2。

表 14-2 "目录"菜单的结构

菜 单 项	名 称	标 题
新建目录	miNewDir	新建（&N）
删除目录	miDelDir	删除（&D）

（4）"视图"菜单的结构见表 14-3。

表 14-3 "视图"菜单的结构

菜 单 项	名 称	标 题
大图标视图	miLargeIcon	大图标（&L）
小图标视图	miSmallIcon	小图标（&S）
列表视图	miList	列表（&L）
详细资料视图	miDetail	详细资料（&D）

（5）向主窗体中添加工具栏控件 ToolStrip，然后添加一个标签控件和一个文本框控件。标签控件的标题为"路径"，文本框控件的名称为 txtPath。向主窗体左侧添加一个树视图控件 tvDir，将其 Anchor 属性设置为 Top、Bottom、Left。向主窗体右侧添加一个列表视图控件 LvFiles，将其 Anchor 属性设置为 Top、Bottom、Left、Right，然后用列表视图的 Columns 属性打开"ColumnHeader 集合编辑器"对话框，添加 4 列，分别为名称、大小、类型和修改时间，如图 14-3 所示。

（6）使用"添加 Windows 窗体"向导创建一个新窗体"frmContent"，用来显示文件内容。窗体布局如图 14-4 所示。

注意： 这里必须把 RichTextBox 的 Dock 属性设置为 Fill，把 Modifiers 属性设置为 Public。

（7）使用"添加 Windows 窗体"向导创建一个新窗体"frmInputFileName"，这个窗体将用来输入新文件或新目录的名称。把它的 FormBorderStyle 属性设置为 FixedDialog，StartPosition 属性设置为 CenterParent，MaximizeBox 和 MinimumBox 属性设置为 False。

项目十四 模拟资源管理器

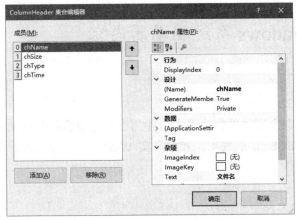

图 14-3 ColumnHeader 集合编辑器

图 14-4 frmContent 窗体布局

向窗体中添加一个标签控件 Label1，把它的 Text 属性设置为"请输入文件名（不用输入扩展名）："，并把 Modifiers 属性设置为 Public；向窗体中添加一个文本框控件 txtFileName，把它的 Modifiers 属性设置为 Public；向窗体中添加两个按钮 btnOK 和 btnCancel，把它们的 Text 属性分别设置为"确定（&O）"和"取消（&C）"，DialogResult 属性分别设置为 OK 和 Cancel。

最后把窗体的 AcceptButton 和 CancelButton 属性分别设置为 btnOK 和 btnCancel。设计视图如图 14-5 所示。

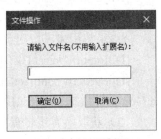

图 14-5 设计视图

（8）主窗体运行程序效果如图 14-6 所示。

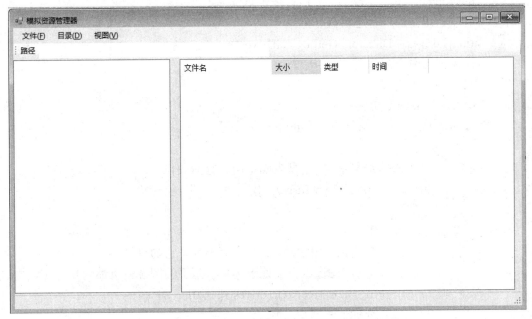

图 14-6 主窗体运行程序效果

任务二 显示 Windows 系统驱动器内容

【任务描述】

列出系统中的所有逻辑驱动器，显示在主窗体的树视图中，并列出硬盘中的所有目录和文件。其中的难点主要是动态链接库 kernel32.dll 的使用。参照真实 Windows 系统资源管理器界面。

【任务实施】

（1）需使用动态链接库 kernel32.dll 中的非托管代码，所以在类中添加以下代码：

```csharp
[DllImport("kernel32")]
static extern uint GetDriveType(string name);
//该函数用来获取磁盘的大小和可用空间
[DllImport("kernel32")]
static extern bool GetDiskFreeSpaceEx(string lpDirectoryName, ref long lpFreeBytesAvailable,
ref long lpTotalNumberOfBytes, ref long lpTotalNumberOffFreeBytes);
```

（2）获取所有逻辑盘并列出硬盘中的所有目录。

```csharp
public void ListDrives()
{
    TreeNode tn = new TreeNode("所有逻辑盘");
    //获取系统中的所有逻辑盘
    string[] drives = Directory.GetLogicalDrives();
    //向树视图中添加节点

        tvDir.BeginUpdate();
        for (int i = 0; i < drives.Length; i++)
        {
            //根据驱动器的不同类型来确定所进行的操作
            switch (GetDriveType(drives[i]))
            {
                case 2:                            //软驱
                    //仅向树视图中添加节点而不列举它的目录
                    //它的图像索引及处于选择状态下的图像索引都为 0
                    tn = new TreeNode(drives[i], 0, 0);
                    break;
                case 3:                            //硬盘
                    //除了向树视图中添加节点外，还要列举它的目录
```

```
                            tn = new TreeNode(drives[i], 1, 1);
                            ListDirs(tn, drives[i]);            //列举硬盘中的目录
                            break;
                        case 5:                                 //光驱
                            //仅向树视图中添加节点
                            tn = new TreeNode(drives[i], 2, 2);
                            break;
                    }
                    tvDir.Nodes.Add(tn);                        //把创建的节点添加到树视图中
            }
            tvDir.EndUpdate();
            //把 C 盘设为当前选择节点
            tvDir.SelectedNode = tvDir.Nodes[0];
        }
```

（3）列出指定目录。
```
private void ListDirs(TreeNode tn, string strDir)
{
    string[] arrDirs;
    TreeNode tmpNode;
    try
    {   //获取指定目录下的所有目录
        arrDirs = Directory.GetDirectories(strDir);
        if (arrDirs.Length == 0) return;
        //把每一个子目录添加到参数传递进来的树视图节点中
        for (int i = 0; i < arrDirs.Length; i++)
        {
            tmpNode = new TreeNode(Path.GetFileName(arrDirs[i]), 3, 4);
            //对于每一个子目录，都进行递归列举
            ListDirs(tmpNode, arrDirs[i]);
            tn.Nodes.Add(tmpNode);
        }
    }
    catch
    {
        return;
    }
}
```

运行结果如图 14-7 所示。

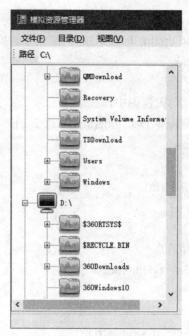

图 14-7　运行结果

（4）列出指定目录下的所有子目录和文件。

```
        private void ListDirsAndFiles(string strDir)
{
        ListViewItem lvi;
        int nImgIndex;
        string[] items = new string[4];
        string[] dirs;
        string[] files;
        try
        {
            //获取指定目录下的所有子目录
            dirs = Directory.GetDirectories(strDir);
            //获取指定目录下的所有文件
            files = Directory.GetFiles(strDir);
        }
        catch
        {
            return;
        }

        //把子目录和文件添加到文件列表视图中
        LvFiles.BeginUpdate();
```

```csharp
        //清除列表视图中的所有内容
        LvFiles.Clear();

        //加 4 个列表头
        LvFiles.Columns.AddRange(new  System.Windows.Forms.ColumnHeader[] { chName, chSize, chType, chTime });
        //把子目录添加到列表视图中
        for (int i = 0; i < dirs.Length; i++)
        {
            items[0] = Path.GetFileName(dirs[i]);
            items[1] = "";
            items[2] = "文件夹";
            items[3] = Directory.GetLastWriteTime(dirs[i]).ToLongDateString()
                    + "" + Directory.GetLastWriteTime(dirs[i]).ToLongTimeString();
            lvi = new ListViewItem(items, 3);
            LvFiles.Items.Add(lvi);
        }
        //把文件添加到列表视图中
        for (int i = 0; i < files.Length; i++)
        {
            string ext = (Path.GetExtension(files[i])).ToLower();
            //根据不同的扩展名来设定列表项的图标
            if (ext == ".txt")
            {
                nImgIndex = 5;
            }
            else if (ext == ".bmp")
            {
                nImgIndex = 6;
            }
            else if (ext == ".hlp")
            {
                nImgIndex = 7;
            }
            else if (ext == ".exe")
            {
                nImgIndex = 8;
            }
```

```
            else
            {
                nImgIndex = 9;
            }
            items[0] = Path.GetFileName(files[i]);
            FileInfo fi = new FileInfo(files[i]);
            items[1] = fi.Length.ToString();
            items[2] = ext + "文件";
            items[3] = fi.LastWriteTime.ToLongDateString() + " " + fi.LastWriteTime.ToLongTimeString();
            lvi = new ListViewItem(items, nImgIndex);
            LvFiles.Items.Add(lvi);
        }
        LvFiles.EndUpdate();
    }
```

运行结果如图 14-8 所示。

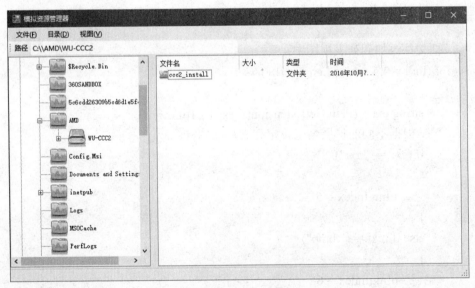

图 14-8 运行结果

【理论知识】

按 F1 键，查看 MSDN 上的 Directory 类、Path 类和 FileInfo 类，将 FileInfo 类中的构造方法及 Directory 类、Path 类中的方法等的详细内容记下来。

项目十四　模拟资源管理器

任务三　文件和目录的管理

【任务描述】

浏览、创建、删除文件和目录，同时显示文本文件的内容。

【任务实施】

（1）打开列表视图中当前选择的文件，运行结果如图 14-9 所示。

```
private void OpenFile()
{
    if (LvFiles.SelectedItems.Count <= 0)
    {
        MessageBox.Show(this, "请先选择要打开的文件!", "打开文件"
, MessageBoxButtons.OK, MessageBoxIcon.Exclamation);
        return;
    }
    ListViewItem lvi = LvFiles.SelectedItems[0];
    if (Path.GetExtension(lvi.Text).ToLower() != ".txt")
    {
        MessageBox.Show(this, "只能打开的文本文件!", "打开文件错误", MessageBoxButtons.OK,
    MessageBoxIcon.Exclamation);
        return;
    }
    ContentForm fileForm = new ContentForm();
    fileForm.Text = "查看文件内容-" + lvi.Text;
    string filename = tvDir.SelectedNode.FullPath + "\\" + LvFiles.SelectedItems[0].Text;
    StreamReader sr = new StreamReader(filename,System.Text.Encoding.Default);
    ArrayList lines = new ArrayList();
    //从文件中读取内容，并把它们赋给显示文件内容对话框中 txtContent 的文本框
    while (sr.Peek() != -1)
    {
        lines.Add(sr.ReadLine());            //一次读取一行数据
    }
    fileForm.txtContent.Lines = (string[])lines.ToArray(Type.GetType("System.String"));
    sr.Close();
    fileForm.txtContent.Select(0, 0);
```

```
            fileForm.ShowDialog(this);                //显示对话框
    }
```

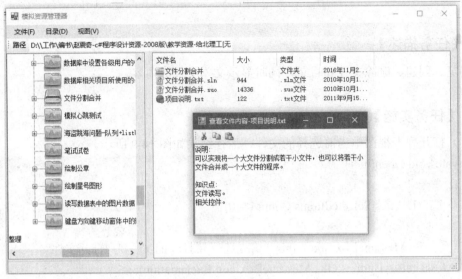

图14-9　运行结果

（2）在当前选择的目录中创建一个新的文本文件。

```
    private void NewFile()
    {
        string filename="";
        InputFileName formFileName=new InputFileName();
        if (formFileName.ShowDialog(this)==DialogResult.OK)
            filename=tvDir.SelectedNode.FullPath+"\\"+formFileName.txtFileName.Text+".txt";
        StreamWriter sw=new StreamWriter(filename);
        if (sw!=null)
        {
            //创建新文件后，向其中写入测试内容
            sw.Write("新创建的文本文件\n 演示基本的文件输入/输出操作");
            sw.Close();
            ListDirsAndFiles(tvDir.SelectedNode.FullPath);
        }
    }
```

（3）删除当前选择的文件。

```
    private void DeleteFile()
    {
        if (LvFiles.SelectedItems.Count <= 0)
        {
```

```
                    MessageBox.Show(this, "请先选择要删除的文件!", "删除文件",
MessageBoxButtons.OK,MessageBoxIcon.Exclamation);
                    return;
                }
                string filename = tvDir.SelectedNode.FullPath + "\\" + LvFiles.SelectedItems[0].Text;
                if (LvFiles.SelectedItems[0].ImageIndex == 3)
                {
                    MessageBox.Show(this, "当前所选的是目录,不是文件,不能进行删除!", "删除文件", MessageBoxButtons.OK, MessageBoxIcon.Exclamation);
                    return;
                }
                else
                    File.Delete(filename);
                ListDirsAndFiles(tvDir.SelectedNode.FullPath);
            }
```

（4）在当前选择的目录中创建一个新的子目录。

```
private void NewDirectory()
        {
            InputFileName formDir = new InputFileName();
            formDir.Text = "输入目录名称";
            formDir.label1.Text = "请输入新目录名称";
            if (formDir.ShowDialog(this) == DialogResult.OK)
            {
                tvDir.SelectedNode.Nodes.Add(new TreeNode(formDir.txtFileName.Text, 3, 4));
                Directory.CreateDirectory(tvDir.SelectedNode.FullPath + "\\" + formDir.txtFileName.Text);
                ListDirsAndFiles(tvDir.SelectedNode.FullPath);
            }
        }
```

（5）删除当前选择的目录及其所有的子目录。

```
private void DeleteDirectory()
        {
            if (MessageBox.Show(this, "确定删除所有的目录" + tvDir.SelectedNode.FullPath + "吗?", "删除目录",
                MessageBoxButtons.OKCancel, MessageBoxIcon.Exclamation) == DialogResult.OK)
            {
                Directory.Delete(tvDir.SelectedNode.FullPath, true);
```

```
                    tvDir.SelectedNode.Remove();
                }
            }
```

【理论知识】

按 F1 键，查看 MSDN 上的 StreamReader 类、StreamWriter 类和 File 类，将 StreamReader 类、StreamWriter 类中的构造方法及 StreamReader 类、StreamWriter 类和 File 类中的方法等的详细内容记下来。

【项目小结】

本项目通过创建与资源管理器相似的界面，实现浏览、创建、删除文件和目录等功能，同时显示文本文件的内容。通过本项目，学生学会运用 Directory 类、Path 类和 FileInfo 类进行文件系统管理和文件操作。

【独立实践】

项目描述：

任务单

1	
2	
3	
4	
5	

任务一：＿＿＿＿＿＿＿＿＿＿＿＿＿＿＿＿＿＿

任务二：＿＿＿＿＿＿＿＿＿＿＿＿＿＿＿＿＿＿

任务三：＿＿＿＿＿＿＿＿＿＿＿＿＿＿＿＿＿＿

【思考与练习】

按任务一、任务二中所学的原理完成图 14-10 所示的文件管理器界面。

项目十四 模拟资源管理器

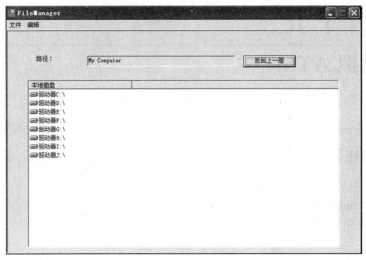

图 14-10 文件管理器

2. 按任务三中所学的原理完成图 14-11 所示的文件管理器操作。

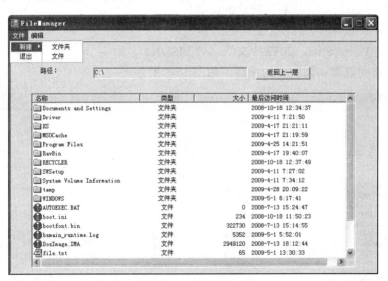

图 14-11 文件管理器

项目十五
模拟 ATM

  【项目描述】

模拟自动取款机主要有两个任务:
1. 创建 Account 类和 Bank 类。
2. 自动取款机的操作。

  【项目需求】

建议配置:主频 2.2 GHz 或以上的 CPU、1 GB 或更大容量的 RAM、分辨率为 1 280×1 024 像素的显示器、7 200 r/min 或更高转速的硬盘。

操作系统:Windows 7 或以上。

开发软件:Visual Studio 2012 中文版(含 MSDN)。

提供真实自动取款机画面作为参照,如图 15-1 所示。

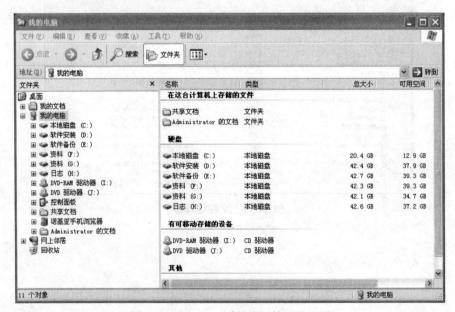

图 15-1 Windows 系统资源管理器画面

  【相关知识点】

建议课时:8 节课。

相关知识:Directory 类及 GetDirectories、GetFiles 和 Exist 等相关方法;FileStream 类及

Seek 等相关方法；BinaryReader 及 ReadString、ReadDecimal 等相关方法；BinaryWriter 类及 Write、Flush 等相关方法。

【项目分析】

模拟自动取款机主要的步骤：
1. 创建账号类 Account 和银行类 Bank。
2. 操作自动取款机，进行开户、登录、管理账号等操作。

任务一　创建 Account 类和 Bank 类

【任务描述】

新建项目，并在窗体上创建 Account 类和 Bank 类。

【任务实施】

（1）新建一个 Windows 项目，在模板中选择"Windows 应用程序"，将项目名称设为 "ATM"，位置设为"E:\CsharpApp\Examples"（或其他位置），如图 15-2 所示。

图 15-2　新建项目设置界面

（2）创建 Account 类。

```
public class Account
{
    protected string name;
    protected string password;
    protected decimal balance;                              //账号余额
```

```csharp
        protected string fileName;
        protected FileStream fs;
        public decimal Balance
        {
            get
            {
                return balance;
            }
        }
        public string Name
        {
            get
            {
                return name;
            }
        }

        public Account (string name,string password)
        {
            this.balance = 0;
            this.name = name;
            this.password = password;
            OpenFile();
            SaveFile();
        }
        public Account(string name)
        {
            this.name = name;
            OpenFile();
            ReadFile();
            if (name.ToLower().CompareTo(this.name.ToLower()) != 0)
            {
                throw new ApplicationException("账号信息错误");
            }
        }
        ~Account()
        {
            fs.Close();
        }
```

```csharp
public bool Deposit(decimal amount)
{
    if(amount<=0)
        return false ;
    decimal oldBalance = balance;
    balance +=amount ;
    try
    {
        SaveFile();
    }
    catch (Exception)
    {
        balance = oldBalance;
        return false;
    }
    return true ;
}
public bool Deposit(double amount)
{
    return Deposit((decimal)amount);
}
public bool Deposit(int amount)
{
    return Deposit((decimal)amount);
}
public bool Deposit(decimal amount,out decimal balance)
{
    bool succeed=Deposit (amount);
    balance = this.balance;
    return succeed;
}
public bool Withdraw(decimal amount)
{

    if (amount > balance || amount <= 0)
    {
        return false;
    }
    else
```

```csharp
        {
            decimal oldBalance = balance;
            balance -= amount;
            try
            {
                SaveFile();
            }
            catch (Exception)
            {
                balance = oldBalance;
                return false;
            }
        return true;
        }
    }
    public bool Withdraw(double amount)
    {
        return Withdraw((decimal)amount);
    }
    public bool Withdraw(int amount)
    {
        return Withdraw((decimal)amount);
    }
    public bool Withdraw(decimal amount,out decimal balance)
    {
        bool succeed = Withdraw(amount);
        balance = this.balance;
        return succeed ;
    }
    public bool ChangePassword(string oldPassword,String newPassword)
    {
        if (oldPassword != password)
            return false;
        password = newPassword;
        try
        {
            SaveFile();
        }
        catch
```

```csharp
            {
                password = oldPassword;
                return false;
            }
            return true;
        }
        public bool Login(string name, String password)
        {
            return (this.name == name && this.password == password);
        }
        protected void OpenFile()
        {
            string folder = Path.Combine(Environment.CurrentDirectory, "AbcBank");
            if(!Directory.Exists (folder) )
            {
                Directory.CreateDirectory (folder);
            }
            fileName =Path.Combine(folder,name+".dat");
            fs=new FileStream (fileName,FileMode.OpenOrCreate ,FileAccess.ReadWrite );
        }
        protected void SaveFile()
        {
            fs.Seek(0, SeekOrigin.Begin);
            BinaryWriter bw = new BinaryWriter(fs);
            bw.Write(name);
            bw.Write(password);
            bw.Write(balance);
            bw.Flush();
        }
        protected void ReadFile()
        {
            fs.Seek(0, SeekOrigin.Begin);
            BinaryReader br = new BinaryReader(fs);
            name = br.ReadString();
            password = br.ReadString();
            balance = br.ReadDecimal();
        }
}
```

（3）创建 Bank 类。

```csharp
public       class Bank
{
    protected const int MaxAccountNum = 2048;      //可容纳的最大账户数
    protected string name;                          //银行名
    protected List<Account> accounts;
    public string Name
    {
        get
        {
            return name;
        }
    }
    public Bank (string name)
    {
        this.name = name;
        accounts = new List<Account>();
        List<string> accs = GetAccounts();          //从文件中获取已有的账号名
        foreach (string acc in accs)
        {
            accounts.Add(new Account(acc));
        }
    }
    public bool LoginAccount(string name,string password,out Account account)
    {
        account = null;
        foreach (Account acc in accounts)
        {
            if (acc.Login(name, password))
            {
                account = acc;
                return true;
            }
        }
        return false;
    }
    public bool OpenAccount(string name, string password, out Account account)
    {
        account = null;
```

```
            foreach (Account acc in accounts)
            {
                if (acc.Name == name)
                    return false;
            }
            account = new Account(name, password);
            accounts.Add(account);
            return true;
        }
        protected List<string> GetAccounts()
        {
            string folder = Path.Combine(Environment.CurrentDirectory, "AbcBank");
            if (!Directory.Exists(folder))
            {
                Directory.CreateDirectory(folder);
            }
            string[] files = Directory.GetFiles(folder);
            List<string> fileList = new List<string>();
            int i = 0;
            foreach (string s in files)
            {
                FileInfo fi = new FileInfo(s);
                if (fi.Length != 0)
                {
                    fileList.Add(Path.GetFileNameWithoutExtension(s));
                }
                else
                {
                    fi. Length Delete();
                }
            }
            return fileList;
        }
    }
```

【理论知识】

按 F1 键，查一下 MSDN 上的 FileStream 类、BinaryReader 类和 BinaryWriter 类，将 FileStream 类、BinaryReader 类和 BinaryWriter 类中的构造方法和这些类中的方法的详细内容记下来。

任务二　自动取款机的操作

【任务描述】

主要的自动取款机操作包括启动、开户、登录账号、管理账号及一些显示不同信息的辅助操作。

【任务实施】

（1）自动取款机主界面的设置如图 15-3 所示。

① 将 Form1 窗体重命名为 FrmMain，设置其"Text"属性为"自动取款机主界面"，StartPosition"属性为"CenterScreen"。

② 在窗体中添加图 15-3 所示的控件，合理布局。

③ 为项目添加"开户""登录"和"账户管理"窗体，结构如图 15-4 所示。

图 15-3　自动取款机主界面

图 15-4　本项目的解决方案资源管理器

④ 编写"开户""登录"和"退出"按钮代码。

```
Bank bank = new Bank("中国银行");
private void btnOpen_Click(object sender, EventArgs e)
{
    frmOpen nfo = new frmOpen(bank);
    nfo.Show();
}

private void btnLogin_Click(object sender, EventArgs e)
{
    frmLogin nfl = new frmLogin(bank);
    nfl.Show();
```

}

```csharp
private void btnExit_Click(object sender, EventArgs e)
{
    Application.Exit();
}
```

（2）开户功能设计，界面如图 15-5 所示。

图 15-5 "开户"界面设计

① 在窗体中添加控件，合理布局。
② 编写"开户"和"取消"按钮代码。

```csharp
public partial class frmOpen : Form
{
    private Bank bank;
    public frmOpen(Bank bank)
    {
        this.bank = bank;
        InitializeComponent();
    }

    private void btnOpen_Click(object sender, EventArgs e)
    {
        Account account;
        if (!bank.OpenAccount(tbName.Text, tbPassword.Text, out account))
        {
            MessageBox.Show("开户错误，用户名可能已经存在");
        }
        else
        {
            MessageBox.Show("开户成功。\n 姓名是：" + account.Name + "\n 开户的 amount 是：" + "0" + "\n 余额是：" + account.Balance, "显示");
```

```
                this.Hide();
                frmManage managefrm = new frmManage(account);
                managefrm.ShowDialog();
            }
        }
        private void btnCancel_Click(object sender, EventArgs e)
        {
            tbName.Text = "";
            tbPassword.Text = "";
        }
}
```

③ 调试运行程序，观察结果。运行效果如图 15-6 所示。

（3）登录功能设计，界面如图 15-7 所示。

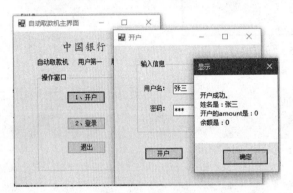

图 15-6 运行效果

图 15-7 "登录"界面设计

① 在窗体中添加控件，合理布局。
② 编写"登录"和"清空"按钮代码。

```
public partial class frmLogin : Form
{
    private Bank bank;
    public frmLogin(Bank bank)
    {
        this.bank = bank;
        InitializeComponent();
    }

    private void btnLogin_Click(object sender, EventArgs e)
    {
        Account account;
```

```csharp
        if (!bank.LoginAccount(tbName.Text, tbPassword.Text, out account))
        {
            MessageBox.Show("登录错误，请检查用户名和密码是否正确。");
        }
        else
        {
            this.Hide();
            frmManage managefrm = new frmManage(account);
            managefrm.Show();
        }
    }

    private void btnClear_Click(object sender, EventArgs e)
    {
        tbName.Text = "";
        tbPassword.Text = "";
    }
}
```

③ 调试运行程序，观察结果。运行效果如图 15-8 所示。

（4）账户管理功能设计，界面如图 15-9 所示。

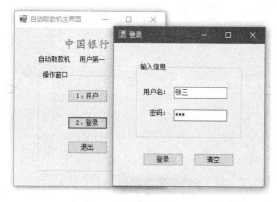

图 15-8　运行效果

图 15-9　"账号管理"界面设计

① 在窗体中添加控件，合理布局。
② 初始化程序。

```csharp
public partial class frmManage : Form
{
    private Account account;
    public frmManage(Account account)
    {
```

```csharp
            this.account = account;
            InitializeComponent();
        }

        decimal amount;
        bool succed;
```

③ 编写"存款"按钮代码。运行结果如图 15-10 所示。

```csharp
private void btnDep_Click(object sender, EventArgs e)
{
    if (tbMon.Text != "")
    {
        amount = decimal.Parse(tbMon.Text);
        succed = account.Deposit(amount);
        if (succed)
        {
            MessageBox.Show("存款成功。\n\n 姓名：" + account.Name + "\n 存入的金额：" + amount + "\n 余额：" + account.Balance, "存款成功");
        }
        else
        {
            MessageBox.Show("存款失败！");
        }
        tbMon.Text = "";
    }
    else
        MessageBox.Show("请输入存款金额！","提示");
}
```

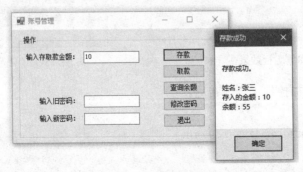

图 15-10　存款运行结果

④ 编写"取款"按钮代码。运行结果如图 15-11 所示。

```csharp
private void btnRe_Click(object sender, EventArgs e)
{
    if (tbMon.Text != "")
    {
        amount = decimal.Parse(tbMon.Text);
        succed = account.Withdraw(amount);
        if (succed)
        {
            MessageBox.Show("取款成功。\n\n 姓名：" + account.Name + "\n 取出的金额：" + amount + "\n 余额：" + account.Balance, "取款成功");
        }
        else
        {
            MessageBox.Show("取款失败！");
        }
        tbMon.Text = "";
    }
    else
        MessageBox.Show("请输入取款金额！", "提示");
}
```

图 15-11　运行结果

⑤ 编写"查询余额"按钮代码。运行结果如图 15-12 所示。

```csharp
private void btnQue_Click(object sender, EventArgs e)
{
    MessageBox.Show("姓名：" + account.Name + "\n 余额：" + account.Balance, "余额");
}
```

图 15-12 运行结果

⑥ 编写"修改密码"按钮代码。运行结果如图 15-13 所示。

```
private void btnMod_Click(object sender, EventArgs e)
{
    string oldPassword = tbOP.Text;
    string newPassword = tbNP.Text;
    succed = account.ChangePassword(oldPassword, newPassword);
    if (succed)
        MessageBox.Show("密码修改成功!", "修改密码");
    else
        MessageBox.Show("密码修改失败!", "修改密码");
    tbOP.Text = "";
    tbNP.Text = "";
}
```

图 15-13 运行结果

【项目小结】

学习者创建与自动取款机相似的界面,实现开户、登录账号、管理账号等操作,通过本项目,学生能学会将 BinaryReader 类和 BinaryWriter 类用于读取和写入二进制数据。

【独立实践】

项目描述:

任务单

1	
2	
3	
4	
5	

任务一: _____

任务二: _____

【思考与练习】

1. 按任务一、任务二中所学的原理完成简单十六进制编辑器。
2. 按任务一、任务二中所学的原理根据学号读取学生的成绩。

项目十六 字典查询

【项目描述】

字典查询主要有两个任务:
1. 线程、委托、正规表达式、泛型字典知识的学习。
2. 字典查询的实现。

【项目需求】

建议配置:主频 2.2 GHz 或以上的 CPU、1 GB 或更大容量的 RAM、分辨率为 1 280×1 024 像素的显示器、7 200 r/min 或更高转速的硬盘。
操作系统:Windows 7 或以上。
开发软件:Visual Studio 2012 中文版(含 MSDN)。

【相关知识点】

建议课时:8 节课。
相关知识:线程、委托、泛型字典、正规表达式。

【项目分析】

模拟自动取款机主要的步骤:
1. 线程、委托、正规表达式、泛型知识的学习。
2. 字典查询的实现。

任务一 线程、委托、泛型知识的学习

【任务描述】

线程、委托、正规表达式、泛型字典知识的学习。

【任务实施】

1. 线程
(1)以下情况可能要使用到多线程:
① 程序需要同时执行两个或多个任务;

② 程序要等待某事件的发生，例如，用户输入、文件操作、网络操作、搜索等；
③ 后台程序。
（2）创建线程。
引用 System.Threading 命名空间：
Thread 线程实例名 = new Thread(new ThreadStart(方法名));//只创建但不启动线程
线程实例名.Start();//启动线程
（3）终止线程：
线程实例名.Abort();
2. 委托
① 声明委托；
② 使用委托；
③ 匿名委托。
3. 正规表达式
4. 泛型

【理论知识】

按 F1 键，查看 MSDN 上的 Thread 类、Dictionary 类、delegate 类和正规表达式，将 Thread 类、Dictionary 类和 delegate 类中的构造方法和这些类中方法的详细内容记下来。

任务二　字典查询的实现

【任务描述】

新建项目，并在窗体上创建字典查询界面和编程。

【任务实施】

（1）新建一个 Windows 项目，在模板中选择"Windows 窗体应用程序"，将项目名称设为"Consult_A_Dictionary"，位置设为"E:\CsharpApp\Examples"（或其他位置），如图 16-1 所示。

图 16-1　"新建项目"对话框

（2）字典查询主界面的设置如图 16-2 所示。

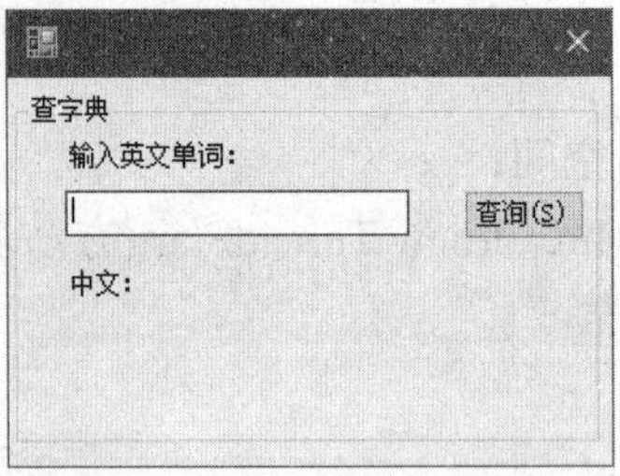

图 16-2　字典查询主界面的设置

（3）编程。

① 创建和启动线程：

```
thread = new Thread(this.ReadFile);
thread.Start();
```

② 读取文本文件中的内容：

```
private void ReadFile()
    {
        StreamReader sr = new StreamReader(Application.StartupPath + @"\DICT.txt", Encoding.Default);
        string str;
        while (sr.Peek()!=-1)
        {
            str = sr.ReadLine();
            string strTemp = Regex.Replace(str, @"[\s{1,}]{1,}", " ").TrimStart();
            string[] temp = strTemp.Split(new char[] {' '});
            string temps = string.Empty;
            for (int i = 1; i < temp.Length; i++)
                temps += temp[i];
            if (!dct.ContainsKey(temp[0]))
                dct.Add(temp[0], temps);
        }
        List<string> strLst = new List<string>();
        this.Invoke((MethodInvoker)delegate
          {
            foreach (KeyValuePair<string, string> kvp in dct)
            {
                strLst.Add(kvp.Key);
            }
            tbInfo.AutoCompleteCustomSource.AddRange(strLst.ToArray());
          });
```

```
            sr.Close();
        }
```
运行结果如图 16-3 所示。

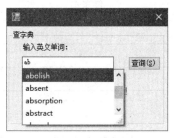

图 16-3 运行结果

③ 查字典：
```
if (dct.ContainsKey(textBox1.Text))
     lblTrans.Text = dct[textBox1.Text];
   else
     lblTrans.Text = "字典中没有此单词！";
```
运行结果如图 16-4 所示。

图 16-4 运行结果

【理论知识】

按 F1 键，查看 MSDN 上的 StreamReader 类和 Invoke 类，将 StreamReader 类和 Invoke 类中的构造方法和这些类中方法的详细内容记下来。

【项目小结】

学习者创建与电子字典相似的界面，实现字典查询操作，通过本项目，学生学会了线程、委托、正规表达式、泛型等知识的综合运用。

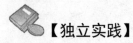

【独立实践】

项目描述：

任务单

1	
2	
3	
4	
5	

任务一：_____

任务二：_____

任务三：_____

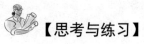

【思考与练习】

按任务一、任务二中所学的原理完成简单十六进制编辑器。

第五篇

XML 篇

第五章

父工篇

项目十七
制作 XML 通讯录

随着 Internet 的不断发展，网络数据的传输日趋重要，本地数据存储日趋复杂，一种面向对象的数据存储文件随之产生，它就是 XML。小顾决定用 C#代码来制作访问 XML 文件的通讯录。

【项目描述】

制作 XML 通讯录主要有五个任务：
1. 设计关于学生通讯录项目的 XML 文件。
2. 结合本项目的要求设计 Student 类。
3. 绘制通讯录窗体界面。
4. 在窗体中显示 XML 文件内容。
5. 将修改过后的信息保存至 XML 文件。

【项目需求】

建议配置：主频 2.2 GHz 或以上的 CPU、1 GB 或更大容量的 RAM、分辨率为 1 280×1 024 像素的显示器、7 200 r/min 或更高转速的硬盘。

操作系统：Windows 7 或以上。

开发软件：Visual Studio 2012 中文版（含 MSDN）。

提供制作 XML 通讯录的画面作为参照，如图 17-1 所示。

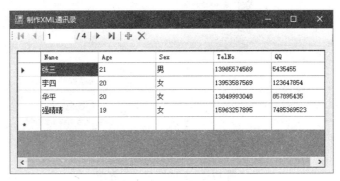

图 17-1　制作 XML 通讯录

【相关知识点】

建议课时：6 节课。

相关知识：XML 文件的结构及制作；DataGridView 和 BindingNavigator 与 XML 文件的

绑定；使用 XmlReader 类读取 XML 文件；使用 XmlWriter 类写入 XML 文件。

【项目分析】

制作 XML 通讯录主要的步骤：
1. 设计关于学生通讯录项目的 XML 文件。
2. 结合本项目的要求设计 Student 类。
3. 绘制窗体界面。
4. 用 XmlReader 类读取 XML 文件。
5. 用 XmlWriter 类写入 XML 文件。

任务一 设计关于学生通讯录项目的 XML 文件

【任务描述】

结合 XML 文件的编写格式，设计学生通讯录文件 XMLsTXL.xml。

【任务实施】

（1）新建一个 Windows 项目，在模板中选择"Windows 窗体应用程序"，将项目名称设为"WinAppTXL"，位置设为"E:\CsharpApp\Examples\"（或其他位置），如图 17-2 所示。

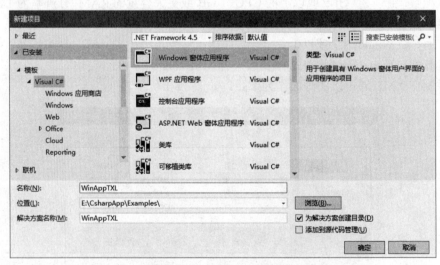

图 17-2 新建项目设置界面

（2）为项目添加一个新项"XML 文件"，取名为 XMLsTXL.xml，如图 17-3 所示。

项目十七　制作 XML 通讯录

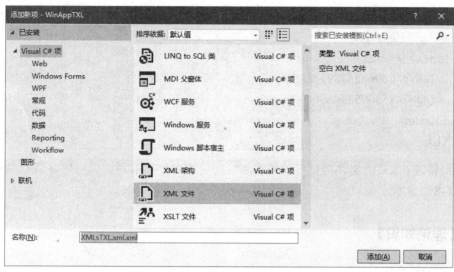

图 17-3　添加新项设置界面

(3)在此文件中,按格式要求输入如下通讯录信息。

```xml
<?xml version="1.0" encoding="utf-8" ?>
<TXL Name="学生通讯录">
<Student>
    <Name>张三</Name>
    <Age>21</Age>
    <Sex>男</Sex>
    <TelNo>13965574569</TelNo>
    <QQ>5435455</QQ>
</Student>
<Student>
    <Name>李四</Name>
    <Age>20</Age>
    <Sex>女</Sex>
    <TelNo>13953587569</TelNo>
    <QQ>123647854</QQ>
</Student>
<Student>
    <Name>华平</Name>
    <Age>20</Age>
    <Sex>女</Sex>
    <TelNo>13849993048</TelNo>
    <QQ>857895435</QQ>
</Student>
<Student>
```

```
        <Name>强晴晴</Name>
        <Age>19</Age>
        <Sex>女</Sex>
        <TelNo>15963257895</TelNo>
        <QQ>7485369523</QQ>
    </Student>
</TXL>
```

提示/备注：XML 文件同样可以按要求在"记事本"中书写，保存时，将"编码"设置为"UTF-8"即可。

【理论知识】

一、XML 文档

XML（Extensible Markup Language，可扩展标记语言）是一套定义语义标记的规则，这些标记将文档分成许多部件，并对这些部件加以标识。XML 也是元标记语言，即定义了用于定义其他与特定领域有关的、语义的、结构化的标记语言的句法语言，简单来说，就是一种数据描述语言。

HTML（Hypertext Markup Language，超文本标识语言）或格式化的程序语言，只是定义一套固定的标记，用来描述一定数目的元素，如果标记语言中没有所需的标记，用户就没有办法设计了。XML 解决了这个缺陷，它是一种元标记语言。

XML 与 HTML 的主要区别如下：

① XML 用来描述数据，而 HTML 用来显示数据。

② XML 中的标签是未预定义的，在使用时需要自定义，而 HTML 里的标签是预定义的。

在具体的应用程序中，XML 要以 XML 文档的形式应用，其后缀为.xml，包含在 System.Xml 命名空间中。

二、XML 元素

XML 元素用于封装数据，是 XML 文档的基本单位，它由元素的名称和属性值组成。XML 元素的基本结构包括开始标记、数据内容和结束标记，因此，XML 元素通常表示从该元素的开始标记到结束标记之间的内容。

XML 元素的命名规则如下：

① 元素的名称可以包含字母、数字和其他字符，但不能包含空格和"："。

② 元素的名称要以字母或下划线开头。

③ 元素的名称不能以数字、标点符号和 XML（或 xml、Xml、xMl 等）开头。

注：XML 元素的字母是区分大小写的，而且元素的嵌套必须规整严格。

三、XML 属性

XML 属性用于描述数据的详细信息，属性中只能包含简单数据类型。通常应该将要存储的大量数据放置于元素的内容中,将元素不同的特性数据及非必须显示的资料放置在元素的属性中。

四、XML 文档结构

XML 文档由 DTD 和 XML 文本组成。所谓 DTD（Document Type Definitions，文档类型定义），简单来说，就是一组标签的语法规则，类似于数据库表，表明 XML 文本的组成形式。

1. 声明

XML 文档的声明负责为 XML 文档匹配合适的解析器，其语法格式为：

`<?xml version=" "  standalone=" "  encoding=" " ?>`

其中各元素的含义如下：

① <?和?>：表示处理指令的开始和结束。
② Version：所使用的 XML 版本，默认为 1.0。
③ Standalone：表示是否使用外部声明 DTD，值为 no 或 yes。
④ Encoding：字符编码，通常值为 UTF-8、UTF-16、GB2312 或 GBK。

2. 根元素

一个文档中只有一个根元素，其语法格式如下：

```
<?xml version="1.0 " encoding=" UTF-8" ?>
<根元素名称>
    根元素内容
</根元素名称>
```

3. XML 代码

XML 代码主要由元素和属性构成，创建时需要注意满足元素和属性各自的命名规范。

4. 注释

注释的语法形式如下：

`<!--注释内容-- >`

需要注意如下事项：

① 注释文本中不能包含 "-->" 和 "--" 字符。
② 注释不能放在标签 "<>" 中。
③ 注释不能放在元素声明中，也不能放在 XML 声明之前。

5. 实体引用

在 XML 中，一些字符拥有特殊的含义。如果把字符 "<" 放在 XML 元素中，会出现错误，这是因为解析器会把它当作新元素的开始。

例如：<Name>张三</Name>

6. PCDATA

PCDATA（Parsed Character Data）即被解析的字符数据，可把字符数据视为 XML 元素的开始标签与结束标签之间的文本。PCDATA 是可以被解析器解析的文本。

7. CDATA

CDATA（Character Data）即字符数据，是不可以被解析器解析的文本，类似于 C#中的 @符号。

8. 处理指令

处理指令以"<?"开始，以"?>"结束。紧跟在"<?"之后的是一个目标应用程序，然后是指令实际内容。

【知识拓展】

按 F1 键，查看 MSDN 上关于 XML 文档的信息，将与其相关的详细内容记下来。

任务二　结合本项目的要求设计 Student 类

【任务描述】

为了便于将每个通讯录中的学生信息读取和存储，在此结合 XML 文档中所涉及的项设计一个 Student 类。

【任务实施】

（1）为项目添加一个新项"类"，取名为 StudentTXL.cs。
（2）结合 XML 文档设计 Student 类，具体实现如下所示。完成后重新生成解决方案。

```csharp
namespace WinAppTXL
{
    public class StudentTXL
    {
        public string Name
        {
            get;
            set;
        }
        public int Age
        {
            get;
            set;
        }
        public string Sex
        {
            get;
            set;
        }
        public string TelNo
        {
```

```
            get;
            set;
        }
        public string QQ
        {
            get;
            set;
        }
    }
}
```

提示/备注：Student 类中的各个属性的类型，可以根据实际情况自己设置，当然，随后的程序设计调用时，也将会随之变化。

任务三 绘制窗体界面

【任务描述】

设计窗体界面，如图 17-4 所示，使用 DataGridView 控件和 BindingNavigator 控件绑定到任务二中设计的 Student 类，从而显示出 XML 中的数据。

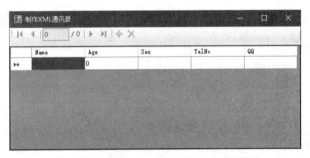

图 17-4 "制作 XML 通讯录"运行界面

【任务实施】

（1）打开 Form1 窗体，在窗体中添加 DataGridView 控件和 BindingNavigator 控件，调整窗体和控件的合适位置与大小。

（2）设置该窗体属性，见表 17-1。

表 17-1 窗体属性

属　　性	取值/说明
Name	FrmMain　　　/窗体类名称
Text	制作 XML 通讯录 /窗口标题

（3）为 DataGridView 控件选中数据源。选中"DataGridView"控件，单击"DataGridView 任务"按钮，在弹出的"DataGridView 任务"面板中单击"选择数据源"下拉按钮，如图 17-5 所示。

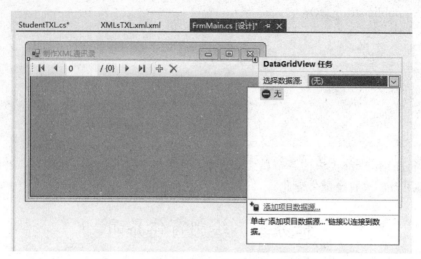

图 17-5 "DataGridView 任务"面板操作窗口

单击打开"添加项目数据源"，进入"数据源配置向导"操作界面，选中"对象"，如图 17-6 所示。单击"下一步"按钮，将"Student"选为绑定的对象，如图 17-7 所示，单击"完成"按钮即可。

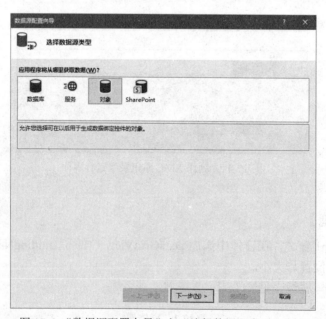

图 17-6 "数据源配置向导"之"选择数据源类型"窗口

项目十七 制作 XML 通讯录

图 17-7 "数据源配置向导"之"选择数据对象"窗口

（4）设置 BindingNavigator 控件的"BandingSource"属性为"studentBindingSource"。
（5）此时，调整窗体和"DataGridView"控件的大小，显示界面，如图 17-8 所示。

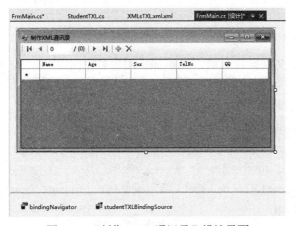

图 17-8 "制作 XML 通讯录"设计界面

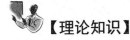【理论知识】

数据控件

1. DataGridView 控件

在.NET 类库中，DataGridView 控件提供了一种强大而灵活的以表格形式显示数据的方式。可以使用 DataGridView 控件显示少量数据的只读视图，也可以对其进行缩放，以显示特大数据集的可编辑视图。

DataGridView 控件除了显示和管理数据外，还可以以简单表格形式管理本地内存或文件中的数据。另外，DataGridView 控件还提供很多属性管理控件的使用，例如，可以设置它的背景色、前景色、字体，也可以分别设置列标题和行标题的样式，还可以设置是否记录可以编辑等。DataGridView 控件的功能十分强大，有兴趣的读者可以查阅 MSDN 或相关书籍，进一步学习它的高级功能。

2．BindingNavigator 控件

绑定数据源后，可以实现数据导航和编辑。默认状态下，添加的 BindingNavigator 控件显示在窗体的顶部，可以通过修改 Dock 属性调整其位置。

【知识拓展】

按 F1 键，查看 MSDN 上的 DataGridView 控件和 BindingNavigator 控件的信息，将这两个控件的更多使用方法的详细内容记下来。

任务四　用 XmlReader 读取 XML 文件

【任务描述】

当窗体运行时，使用 XmlReader 类读取 XML 文件中关于学生通讯录中的信息，显示在 DataGridView 控件中。

【任务实施】

（1）在使用 XML 文件操作之前，先添加引用命名空间：

```
using System.Xml;
```

（2）编写窗体加载时的程序代码：

```csharp
private void FrmMain_Load(object sender, EventArgs e)
{
    StudentTXL stutxl = new StudentTXL();
    List<StudentTXL> newTXLList = new List<StudentTXL>();
    //打开 XML 文件
    XmlReader xr = XmlReader.Create(@"E:\CsharpApp\Examples\WinAppTXL\WinAppTXL\XMLsTXL.xml");
    //直到文件结束
    while (!xr.EOF)
    {
        //读取下一个节点
        xr.Read();
        //如果是一个元素开始，则根据元素名称判断具体操作
        if (xr.NodeType == XmlNodeType.Element)
        {
            switch (xr.Name)
            {
```

```csharp
                case "Student":
                    //如果是 Student，则创建一个 Student 对象
                    stutxl = new StudentTXL();
                    break;
                case "Name":
                    //如果是 Name，则读取学生姓名
                    xr.ReadStartElement("Name");
                    stutxl.Name = xr.Value;
                    break;
                case "Age":
                    //如果是 Age，则作为 int 类型读取
                    xr.ReadStartElement("Age");
                    stutxl.Age = xr.ReadContentAsInt();
                    break;
                case "Sex":
                    //如果是 Sex，则作为 string 类型读取
                    xr.ReadStartElement("Sex");
                    stutxl.Sex = xr.ReadContentAsString();
                    break;
                case "TelNo":
                    //如果是 TelNo，以字符串形式读取
                    xr.ReadStartElement("TelNo");
                    stutxl.TelNo = xr.ReadString();
                    break;
                case "QQ":
                    //如果是 QQ，以字符串形式读取
                    xr.ReadStartElement("QQ");
                    stutxl.QQ = xr.ReadString();
                    break;
                default: break;
            }
        }
        else if (xr.NodeType == XmlNodeType.EndElement)
        {
            //如果是一个 Student 节点结束，将学生信息添加到列表中
            if (xr.Name == "Student")
                newTXLList.Add(stutxl);
        }
    }
```

```
            //操作完成，关闭 XML 文件
            xr.Close();
            //更新数据绑定
            this.studentTXLBindingSource.DataSource = newTXLList;
    }
```

运行结果如图 17-9 所示。

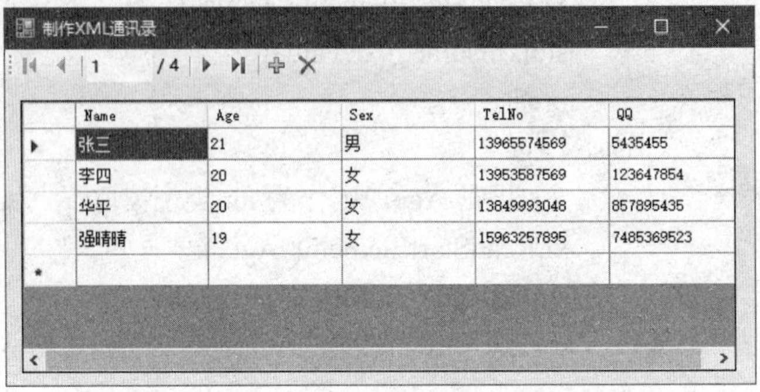

图 17-9　运行结果

【理论知识】

一、System.Xml 命名空间

在.NET 类库中对 XML 文件的访问提供了强大的支持，与 XML 访问相关的类被封装在 System.Xml 命名空间下，它根据功能被细分成 System.Xml.Schema、System.Xml.Serialization、System.Xml.Xpath 和 System.Xml.Xsl 4 个子命名空间。

可以通过.NET 类库提供的以下几个类完成 XML 文件中数据的存取。

- XmlElement：表示 XML 文档中的一个元素，如，<Name>张三</Name>。
- XmlText：表示 XML 文档中的文本，如，<Sex>女</Sex>中的文本"女"。
- XmlDeclaration：表示 XML 文档中的声明节点，格式为

<?xml version="1.0" … ?>

- XmlDocument：表示 XML 文档，在内存中以树状形式保存 XML 文档中的数据。
- XmlComment：表示 XML 文档中的一段注释，格式为

<--注释文本-->

- XmlNode：表示 XML 文档中的一个节点。
- XmlNodeType：枚举类型，表示 XmlNode 的具体类型。如开始元素、结束元素、属性、文本、空白等。
- XmlReader：表示一个读取器，它以一种快速、非缓存和只进的方式读取包含 XML 数据的流或文件。
- XmlWriter：表示一个编写器，它以一种快速、非缓存和只进的方式生成包含 XML 数据的流或文件。
- ReadState：表示读取器的读取状态。

● WriteState：表示编写器的写入状态。

二、XmlReader 类

XmlReader 类每次读取操作都会将当前节点向后移，直到数据结束，再通过它的成员属性和成员函数来获取当前节点的类型和数据等信息。

XmlReader 对象的常用属性和方法见表 17-2 和表 17-3。

表 17-2　XmlReader 对象的常用属性

名　称	说　明
AttributeCount	当在派生类中被重写时，获取当前节点上的属性数
Depth	当在派生类中被重写时，获取 XML 文档中当前节点的深度
EOF	当在派生类中被重写时，获取一个值，该值指示此读取器是否定位在流的结尾
HasAttributes	获取一个值，该值指示当前节点是否有任何属性
HasValue	当在派生类中被重写时，获取一个值，该值指示当前节点是否可以具有 Value 属性
IsDefault	当在派生类中被重写时，获取一个值，该值指示当前节点是否是从 DTD 或架构中定义的默认值生成的属性
IsEmptyElement	当在派生类中被重写时，获取一个值，该值指示当前节点是否为空元素（例如 <MyElement/>）
Name	当在派生类中被重写时，获取当前节点的限定名
NodeType	当在派生类中被重写时，获取当前节点的类型
ReadState	当在派生类中被重写时，获取读取器的状态
SchemaInfo	获取后作为架构验证结果分配给当前节点的架构信息
Settings	获取用于创建此 XmlReader 实例的 XmlReaderSettings 对象
Value	当在派生类中被重写时，获取当前节点的文本值

表 17-3　XmlReader 对象的方法

名　称	说　明
Create	已重载。创建一个新的 XmlReader 实例
IsStartElement	已重载。测试当前内容节点是否是开始标记
MoveToContent	检查当前节点是否是内容（非空白文本、CDATA、Element、EndElement、EntityReference 或 EndEntity）节点。如果此节点不是内容节点，则读取器向前跳至下一个内容节点或文件结尾。它跳过以下类型的节点：ProcessingInstruction、DocumentType、Comment、Whitespace 或 SignificantWhitespace
MoveToElement	当在派生类中被重写时，移动到包含当前属性节点的元素
Read	当在派生类中被重写时，从流中读取下一个节点
ReadAttributeValue	当在派生类中被重写时，将属性值解析为一个或多个 Text、EntityReference 或 EndEntity 节点

续表

名称	说明
ReadContentAs	将内容作为指定类型的对象读取
ReadContentAsBoolean	将当前位置的文本内容作为 Boolean 读取
ReadContentAsDateTime	将当前位置的文本内容作为 DateTime 对象读取
ReadContentAsDouble	将当前位置的文本内容作为双精度浮点数读取
ReadContentAsFloat	将当前位置的文本内容作为单精度浮点数读取
ReadContentAsInt	将当前位置的文本内容作为 32 位有符号整数读取
ReadContentAsString	将当前位置的文本内容作为 String 对象读取
ReadEndElement	检查当前内容节点是否为结束标记,并将读取器推进到下一个节点
ReadStartElement	已重载。检查当前节点是否为元素,并将读取器推进到下一个节点
ReadString	当在派生类中被重写时,将元素或文本节点的内容当作字符串读取
Skip	跳过当前节点的子级

【知识拓展】

按 F1 键,查看 MSDN 上的 XmlReader 成员和 XmlReader 类的信息,并将其详细内容记下来。

任务五　用 XmlWriter 写入 XML 文件

【任务描述】

当用户完成对窗体中的学生通讯录信息增加、删除、修改操作后,单击"保存"按钮和关闭窗体时,能将数据写入 XML 文件中。

【任务实施】

(1) 在窗体中添加一个 Button 按钮,属性设置见表 17-4。

表 17-4　Button 按钮的属性设置

属性	取值/说明
Name	btnSave　/按钮类名称
Text	保存信息到 XML 文件　/按钮上显示的文本

项目十七　制作 XML 通讯录

（2）编写 btnSave 按钮的 Click 事件，完成将 dataGridView 中的信息写入 XML 文件中。

```csharp
private void btnSave_Click(object sender, EventArgs e)
{
    List< StudentTXL> newTXLList = new List< StudentTXL>();
    //逐行将 DataGaidView 中的数据写入 newTXLList 中
    for (int i = 0; i < dataGridView1.Rows.Count - 1; i++)
    {
        StudentTXL stutxl = new Student();
        stutxl.Name =dataGridView1.Rows[i].Cells[0].Value.ToString();
        stutxl.Age = Convert.ToInt32(dataGridView1.Rows[i].Cells[1].Value.ToString());
        stutxl.Sex = dataGridView1.Rows[i].Cells[2].Value.ToString();
        stutxl.TelNo = dataGridView1.Rows[i].Cells[3].Value.ToString();
        stutxl.QQ = dataGridView1.Rows[i].Cells[4].Value.ToString();
        newTXLList.Add(stutxl);
    }
    //打开文件
    XmlWriter xw = XmlWriter.Create(@"E:\CsharpApp\Examples\WinAppTXL\WinAppTXL\XMLsTXL.xml");
    //写入开始标记<?xml……?>
    xw.WriteStartDocument();
    //换行，写入通讯录节点的头部和属性<TXL Name="学生通讯录">
    xw.WriteWhitespace(Environment.NewLine);
    xw.WriteStartElement("TXL");
    xw.WriteAttributeString("Name", "学生通讯录");
    //依次读出 newTXLList 中的数据项
    foreach (StudentTXL stu in newTXLList)
    {
        //写入学生节点的头部<Student>
        xw.WriteWhitespace(Environment.NewLine);
        xw.WriteStartElement("Student");
        //写入姓名节点<Name>XXX</Name>
        xw.WriteWhitespace(Environment.NewLine);
        xw.WriteStartElement("Name");
        xw.WriteValue(stu.Name);
        xw.WriteEndElement();
        //写入年龄节点<Age>XXX</Age>
        xw.WriteWhitespace(Environment.NewLine);
        xw.WriteStartElement("Age");
        xw.WriteValue(stu.Age);
```

```
            xw.WriteEndElement();
            //写入性别节点<Sex>XXX</Sex>
            xw.WriteWhitespace(Environment.NewLine);
            xw.WriteStartElement("Sex");
            xw.WriteValue(stu.Sex);
            xw.WriteEndElement();
            //写入联系电话节点<TelNo>XXX</TelNo>
            xw.WriteWhitespace(Environment.NewLine);
            xw.WriteStartElement("TelNo");
            xw.WriteValue(stu.TelNo);
            xw.WriteEndElement();
            //写入QQ节点<QQ>XXX</QQ>
            xw.WriteWhitespace(Environment.NewLine);
            xw.WriteStartElement("QQ");
            xw.WriteValue(stu.QQ);
            xw.WriteEndElement();
            //写入学生节点的尾部</Student>
            xw.WriteWhitespace(Environment.NewLine);
            xw.WriteEndElement();
        }
        //写入通讯录节点的尾部</TXL>
        xw.WriteWhitespace(Environment.NewLine);
        xw.WriteEndElement();
        //操作完成，关闭文件
        xw.Close();
        MessageBox.Show("XML 文件保存成功！");
    }
```

（3）在 FrmMain 窗体的 FromClosing 事件中添加代码，完成关闭窗体时，同样可以将信息写入 XML 文件中。

```
private void FrmMain_FormClosing(object sender, FormClosingEventArgs e)
{
    btnSave_Click(null, null);
}
```

运行结果如图 17-10 所示。可以单击导航按钮，对信息进行逐条查看。同时，也可以增加学生信息，如图 17-11 所示；删除学生信息，如图 17-12 所示；修改学生信息。完成操作后，单击窗体中的按钮或关闭窗体时，都可以保存文件信息到指定的 XML 文件中，并出现相应的对话框提示，如图 17-13 所示。

项目十七 制作 XML 通讯录

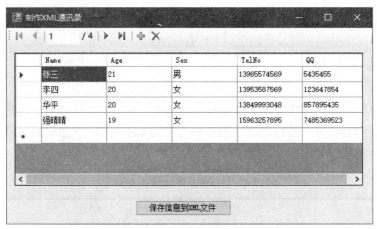

图 17-10 窗体加载界面

图 17-11 添加信息界面

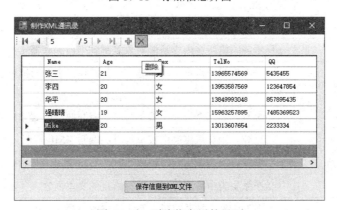

图 17-12 删除信息后的界面

图 17-13 单击"保存"或关闭窗体时出现的"保存成功"对话框

提示/备注：保存的功能同样可通过 bindingNavigator 控件中添加保存按钮来实现其功能。

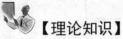【理论知识】

XmlWriter 类

XmlWriter 类提供一种快速、非缓存和只进的方式来生成包含 XML 数据的流或文件，可以用于构建符合 W3C 可扩展标记语言建议和 XML 总的命名空间建议的 XML 文档。

XmlWriter 对象的常用方法见表 17-5。

表 17-5　XmlWriter 对象的常用方法

名称	说明
Create	已重载。创建一个新的 XmlWriter 实例
WriteAttributes	当在派生类中被重写时，写出在 XmlReader 中当前位置找到的所有属性
WriteAttributeString	已重载。当在派生类中被重写时，写出具有指定值的属性
WriteCData	当在派生类中被重写时，写出包含指定文本的<![CDATA[...]]>块
WriteChars	当在派生类中被重写时，以每次一个缓冲区的方式写入文本
WriteComment	当在派生类中被重写时，写出包含指定文本的注释<!--...-->
WriteDocType	当在派生类中被重写时，写出具有指定名称和可选属性的 DOCTYPE 声明
WriteElementString	已重载。当在派生类中被重写时，写出包含字符串值的元素
WriteEndAttribute	当在派生类中被重写时，关闭上一个 WriteStartAttribute 调用
WriteEndDocument	当在派生类中被重写时，关闭任何打开的元素或属性，并将编写器重新设置为 Start 状态
WriteEndElement	当在派生类中被重写时，关闭一个元素并弹出相应的命名空间范围
WriteNode	已重载。将所有内容从源对象复制到当前编写器实例
WriteProcessingInstruction	当在派生类中被重写时，写出在名称和文本之间带有空格的处理指令，如：<?name text?>
WriteStartAttribute	已重载。当在派生类中被重写时，编写属性的起始内容
WriteStartDocument	已重载。当在派生类中被重写时，编写 XML 声明
WriteStartElement	已重载。当在派生类中被重写时，写出指定的开始标记
WriteString	当在派生类中被重写时，编写给定的文本内容
WriteWhitespace	当在派生类中被重写时，写出给定的空白

【知识拓展】

按 F1 键，查看 MSDN 上的 XmlWriter 成员和 XmlWriter 类的信息，将其详细内容记下来。

项目十七　制作 XML 通讯录

【项目小结】

学习者通过编写 XML 文件，了解到 XML 文件的特色；在类文件的编写过程中，掌握了基本类的属性的设计方法；在界面设计中，学会了使用 DataGridView 控件和 BindingNavigator 控件来与数据源完成绑定；最后使用 XmlReader 类和 XmlWriter 类完成了对 XML 文件中关于学生通讯录部分内容的读取和写入。通过本项目，学生学会了使用 XmlReader 类和 XmlWriter 类完成对 XML 文件的读取和写入，从而掌握对 XML 文件的使用。

【独立实践】

项目描述：

任务单

1	
2	
3	
4	
5	

任务一：_____

任务二：_____

任务三：_____

任务四：_____

任务五：_____

【思考与练习】

1. 用 XmlWriter 类完成如下结构的 XML 文档：

```
<?xml version="1.0" encoding="gb2312"?>
<成绩单>
<!-- 这里是男同学的情况 -->
<学生 学号="xxxx001">
<姓名>张三哥</姓名>
<性别>男</性别>
```

```
<成绩>
<语文>80</语文>
<数学>70</数学>
<外语>75</外语>
</成绩>
</学生>
<!-- 这里是女同学的情况 -->
<学生 学号="xxxx002">
<姓名>李四妹</姓名>
<性别>女</性别>
<成绩>
<语文>100</语文>
<数学>80</数学>
<外语>85</外语>
</成绩>
</学生>
</成绩单>
```

同时，请注意：相关结点中的内容来自 C#窗体和控件的设计，如 FORM、TEXTBOX、GROUPBOX、BUTTON 等。窗体界面可仿照图 17-14 所示设计。

图 17-14　写文件界面

提示：可使用 XmlWriter 类写入 XML 文件。

2. 将上述 XML 文件相关的结点中的内容存放于 C#窗体的 TreeView 控件上，如图 17-15 所示。

项目十七 制作 XML 通讯录

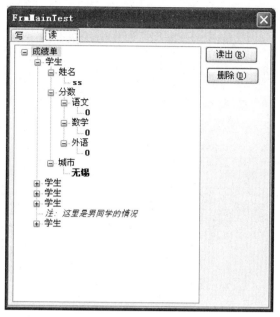

图 17-15 读文件界面

第六篇

数据库篇

第六篇

經濟的生活

项目十八
学校成绩管理系统

> 21世纪，在工、农业不断发展的同时，Internet 也迅速发展起来，并且已经飞速改变人们的生活和工作。现在，学校需要统计不同班级在不同学期的各个课程的成绩，在 C# 中可以利用 ADO.NET 技术开发此系统。

【项目描述】

需求分析是成功管理系统的基础，因此，下面将会对学校成绩管理系统做详细的需求分析。

通过对学校成绩管理系统机制进行详细了解与分析后，可知一个功能完备的学校成绩管理系统必须具备以下主要功能：

1．学期管理：添加学生在校学期，自动生成学期编号。
2．课程管理：添加开设的课程，自动生成课程编号。
3．班级管理：添加学校班级，自动生成班级序号。
4．学生信息管理：添加每个学生的详细信息，并添加所属班级。
5．班级课程管理：管理某个班级、某学期开设的课程，并生成班级课程序号。
6．用户权限管理：管理用户账号、密码、权限。
7．学生成绩录入：某个班级的班主任只能对本班级的学生进行成绩录入。
8．学生成绩统计：对全校学生的成绩进行统计。

因该项目有很多模块雷同的地方，故下面提出一个模块进行分析，供其他模块设计时参考。

【项目需求】

建议配置：主频 2.2 GHz 或以上的 CPU、1 GB 或更大容量的 RAM、分辨率为 1 280×1 024 像素的显示器、7 200 r/min 或更高转速的硬盘。

操作系统：Windows 7 或 2000 以上。

开发软件：Visual Studio 2012 中文版（含 MSDN）。

系统总体功能需求如图 18-1 所示。

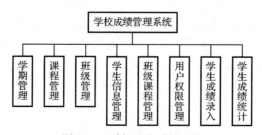

图 18-1 系统总体功能需求

【相关知识点】

建议课时：12 节课。

相关知识：Graphics 类及 DrawImage、DrawRectangle、DrawLine 和 DrawString 等相关方法；GDI+的坐标系统；三层架构 C/S 程序；对注册表的操作；序列化和反序列；强类型数据集和弱类型数据集；交叉表。

【数据库的设计实现】

数据库在管理信息系统中占有非常重要的地位，数据库结构设计的好坏将直接对应用系统的效率及实现的效果产生影响。合理的数据库结构设计可以提高数据库储存的效率，保证数据的完整性和一致性。

设计数据库系统时，首先应该充分了解用户各方面的需求，包括现有的及将来可能增加的需求。数据库设计一般包括如下几个步骤：

① 数据库需求分析。
② 数据库概念结构设计。
③ 数据库逻辑结构设计。

数据库（StuBase）表设计如表 18-1～表 18-7 和图 18-2～图 18-7 所示。

表 18-1　学期表：Semester

字段名称	中文表达式	字段类别	是否关键字
SemesterID	学期编号	Int（自增长）	是
SemesterName	学期名称	字符串（50 位）	否（不能为空，不能重复）

图 18-2　学期表：Semester

表 18-2　课程表：Course

字段名称	中文表达式	字段类别	是否关键字
CourseID	课程编号	Int（自增长）	是
CourseName	课程名称	字符串（50 位）	否（不能为空，不能重复）

图 18-3　课程表：Course

项目十八　学校成绩管理系统

表18-3　班级表：SClass

字段名称	中文表达式	字段类别	是否关键字
ClassID	班级序号	Int（自增长）	是
ClassName	班级名称	字符串（50位）	否（不能为空，不能重复）

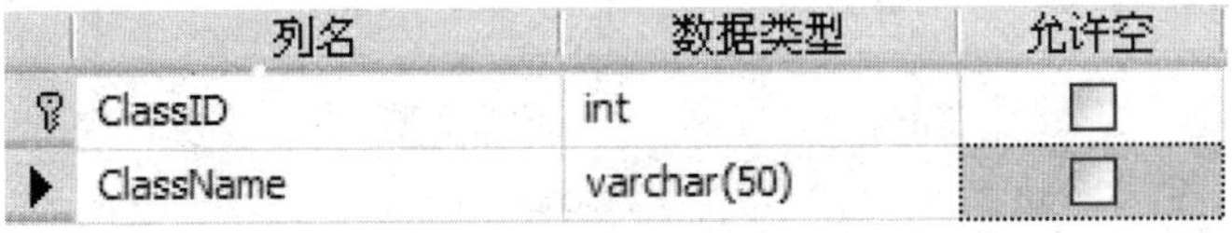

列名	数据类型	允许空
🔑 ClassID	int	☐
▶ ClassName	varchar(50)	☐

图18-4　班级表：SClass

表18-4　学生信息表：StuInfo

字段名称	中文表达式	字段类别	是否关键字
StuID	学生序号	Int（自增长）	是
StuNo	学生编号	字符串（6位）	否（是唯一索引）
StuName	学生姓名	字符串（10位）	不能为空
StuSex	性别	Bit	不能为空
StuBirth	出生年月	DateTime	不能为空
ClassID	所属班级序号（外键）	Int	不能为空

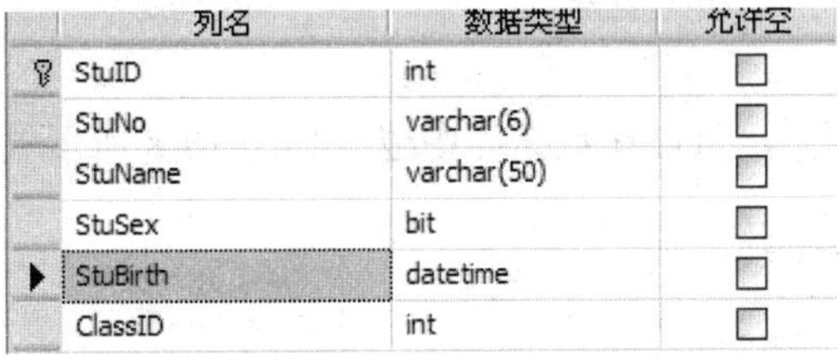

列名	数据类型	允许空
🔑 StuID	int	☐
StuNo	varchar(6)	☐
StuName	varchar(50)	☐
StuSex	bit	☐
▶ StuBirth	datetime	☐
ClassID	int	☐

图18-5　学生信息表：StuInfo

表18-5　班级课程设置表：ClassCourse

字段名称	中文表达式	字段类别	是否关键字
ClassCourseID	序号	Int（自增长）	是
ClassID	班级序号（外键）	Int	不能为空
SemesterID	学期编号（外键）	Int	不能为空
CourseID	课程编号	Int	不能为空

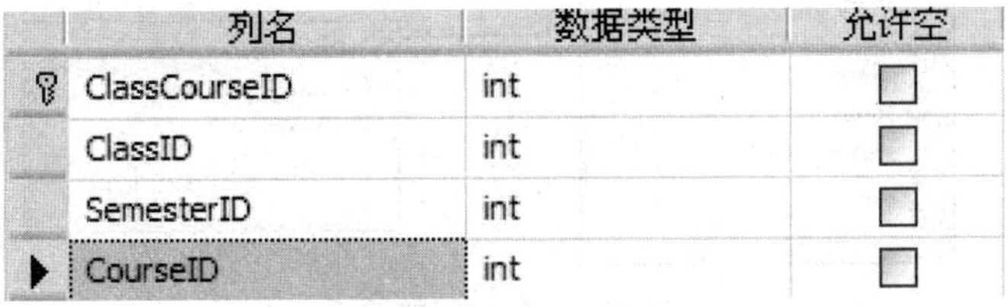

列名	数据类型	允许空
🔑 ClassCourseID	int	☐
ClassID	int	☐
SemesterID	int	☐
▶ CourseID	int	☐

图18-6　班级课程设置表：ClassCours

表 18-6 学生成绩表：StuScore

字段名称	中文表达式	字段类别	是否关键字
StuNo	学生编号	字符串（6位）	是
ClassCourseID	班级课程序号	Int	是
Score	分数	Float	默认值 0

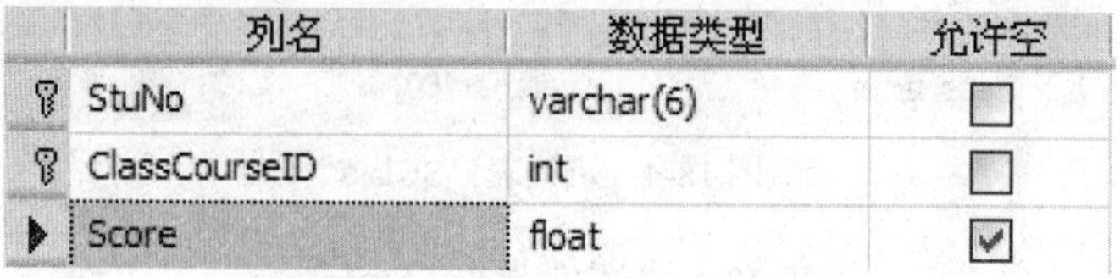

列名	数据类型	允许空
StuNo	varchar(6)	□
ClassCourseID	int	□
Score	float	✓

图 18-7 学生成绩表：StuScore

表 18-7 用户表：User

字段名称	中文表达式	字段类别	是否关键字
UserID	用户序号	Int（自增长）	是
UserNo	用户编号	varchar(50)	否（是唯一索引）
UserName	用户姓名	varchar(50)	不能为空
UserPwd	用户密码	varchar(50)	不能为空
Keys	用户权限	varchar(50)	可为空

综合以上 7 张表的关系，可以在数据库中建立如图 18-8 所示关系。

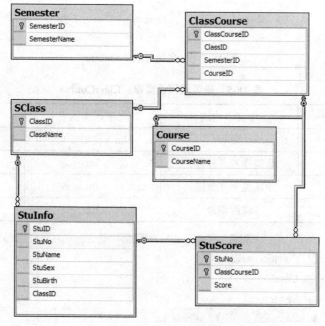

图 18-8 各表间的关系

项目十八　学校成绩管理系统

【系统运行架构】

系统运行架构如图 18-9 所示。

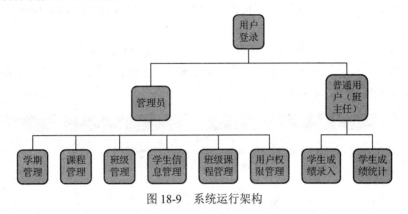

图 18-9　系统运行架构

任务一　建立一个空解决方案并添加 3 个子项目

【任务描述】

为系统建立一个空解决方案，并建立 3 个子项目 BLL、DAL 和 UIL，设置 UIL 为启动项目。

【任务实施】

（1）建立一个空解决方案 SchoolClassScoreManageSystem。单击"文件"→"新建"→"项目"命令，打开"新建项目"对话框，如图 18-10 所示。

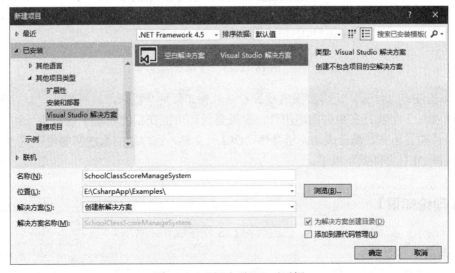

图 18-10　"新建项目"对话框

- 257 -

（2）建立 3 个子项目。右击"解决方案"，单击"添加"→"新建项目"，如图 18-11 所示。选择"空项目"，设置名称，添加 3 个项目，如图 18-12 所示。被突出显示的"UIL"是启动项目。

- BLL 层：逻辑层是系统的中间层，它利用数据层的接口获得需要的数据，并对数据进行操作。
- DAL 层：数据层是系统的低层，定义了系统的最基础的操作。
- UIL 层：显示层是系统的最上层，在用户输入相应的指令时，它通过调用逻辑层定义的操作来响应用户的意图，并显示出结果。

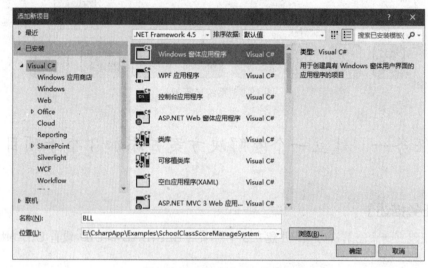

图 18-11 "新建项目"对话框

图 18-12 3 个子项目

提示/备注：为什么定义这么多的项目？从软件工程的角度来看就是需要"软件复用"。

考虑前面 2 个项目有很强的通用性，也就是说，可能在别的系统中也需要用到，因此，将这些项目独立出来，编译成动态链接库（DLL）文件，这样别的系统需要使用这个模块时，只要载入该 DLL 文件就可以了。

【理论知识】

三层架构 C/S 程序设计

1. 三层之间的关系

三层是指界面显示层（UI）、业务逻辑层（Business）、数据操作层（Data Access）。

文字描述：Clients 对 UI 进行操作，UI 调用 Business 进行相应的运算和处理，Business

项目十八　学校成绩管理系统

通过 Data Access 对 Data Base 进行操作。

优点：增加了代码的重用。Data Access 可在多个项目中共用；Business 可在同一项目的不同地方使用（如某个软件 B/S 和 C/S 部分可以共用一系列的 Business 组件）。

使得软件的分层更加明晰，便于开发和维护。美工人员可以很方便地进行 UI 设计，并在其中调用 Business 给出的接口，而程序开发人员则可以专注地进行代码的编写和功能的实现。

2．具体的区分方法

数据访问层：主要看数据层里面有没有包含逻辑处理。实际上，其各个函数主要完成对数据文件的操作。

业务逻辑层：主要负责对数据层的操作。也就是说，把一些数据层的操作进行组合。

表示层：主要是接受用户的请求，以及返回数据，为客户端提供应用程序的访问。

3．三层结构解释

所谓三层体系结构，是在客户端与数据库之间加入了一个中间层，也叫组件层。这里所说的三层体系，不是指物理上的三层，不是简单地放置三台机器就是三层体系结构，也不是只有 B/S 应用是三层体系结构。三层是指逻辑上的三层，即把这三个层放置到一台机器上。三层体系的应用程序将业务规则、数据访问、合法性校验等工作放到了中间层进行处理。通常情况下，客户端不直接与数据库进行交互，而是通过 COM/DCOM 通信与中间层建立连接，再经由中间层与数据库进行交换。

开发人员可以将应用的商业逻辑放在中间层应用服务器上，把应用的业务逻辑与用户界面分开。在保证客户端功能的前提下，为用户提供一个简洁的界面。这意味着，如果需要修改应用程序代码，只需要对中间层应用服务器进行修改，而不用修改成千上万的客户端应用程序，从而使开发人员可以专注于应用系统核心业务逻辑的分析、设计和开发，简化了应用系统的开发、更新和升级工作。

【知识拓展】

尝试着在 ASP.NET 下编写三层架构。

为什么 ASP.NET 要分三层？

任务二　完成登录窗口绘图功能

【任务描述】

绘制系统名称和版本号，如图 18-13 所示。

图 18-13　系统名称和版本号

（1）添加数据库连接，选择数据集所在项目，选择"项目"→"属性"→"设置"命令，打开对话框，如图 18-14 所示。

调试	名称	类型	范围	值
资源	StuBaseConne...	(连接字符串)	应用程序	Data Source=.;Initial Catalog=S
服务	*			
设置				

图 18-14　设置

单击"值"后面的按钮配置，如图 18-15 所示，最后"确定"按钮，系统自动生成连接字符串。

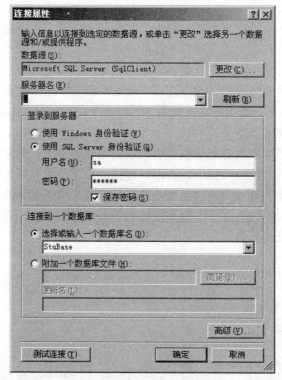

图 18-15　"连接属性"对话框

（2）用户权限的控制（数据表 User 的 Keys 字段），给这个字段定义 varchar（50）类型，如管理员，值内不包含"，"，如"0512"；班主任，用"，"间隔，如"0512,0511"（因为一个老师可能是两个不同班级的班主任）。

【任务实施】

（1）在项目 BBL 中新建一个类（LogicLayer.cs），并在类里添加一个过程（PaintImage）。
（2）实现 PaintImage 过程。
///<summary>
///画图

```csharp
///</summary>
///<param name="sExeCapion">项目标题</param>
///<param name="sVersion">版本号</param>
///<param name="sFontName">字体</param>
///<param name="sVerFontName">版本号字体</param>
///<param name="picBoxLogin">呈现图片的控件</param>
public void PaintImage(string sExeCapion, string sVersion, string sFontName, string sVerFontName, PictureBox picBoxLogin)
{
    const int DecWidth = 2;
    RectangleF rect = picBoxLogin.ClientRectangle;
    Image image = new Bitmap((int)rect.Width, (int)rect.Height);
    Graphics g = Graphics.FromImage(image);
    //清除锯齿效果
    g.TextRenderingHint = System.Drawing.Text.TextRenderingHint.AntiAlias;
    //画黑色
    Brush brush = new SolidBrush(Color.FromArgb(47, 67, 115));
    g.FillRectangle(brush, rect);
    brush.Dispose();
    //画红色
    rect.Offset(DecWidth, DecWidth);
    rect.Height = rect.Height - DecWidth * 2;
    rect.Width = rect.Width - DecWidth * 2;
    Color beginColor = Color.FromArgb(255, 255, 255);
    Color endColor = Color.FromArgb(163, 184, 226);
    try
    {
        //填充渐变色背景
        brush = new LinearGradientBrush(rect, beginColor, endColor, LinearGradientMode.Vertical);
        g.FillRectangle(brush, rect);
    }
    finally
    {
        brush.Dispose();
    }
    //画白色字体
    Font font = new Font(sFontName, 26, FontStyle.Bold);
    SizeF sSize = g.MeasureString(sExeCapion, font);
```

```
PointF point = new PointF(10, (rect.Height - sSize.Height) / 2 + DecWidth);
g.DrawString(sExeCapion, font, Brushes.White, point);
//画绿色字体
point.X = point.X - 1;
point.Y = point.Y - 1;
g.DrawString(sExeCapion, font, Brushes.Green, point);
//画版本号
string version = Assembly.GetExecutingAssembly().GetName().Version.ToString();
//画白色字体
font.Dispose();
font = new Font(sVerFontName, 9, FontStyle.Bold);
sSize = g.MeasureString(sExeCapion, font);
point.X = rect.Width - sSize.Width * 2 + 40;
point.Y = rect.Height - (float)(sSize.Height * 1.5);
g.DrawString(sVersion + version, font, Brushes.Black, point);
picBoxLogin.Image = image;
g.Dispose();
font.Dispose();
}
```

（3）转到登录窗体（FrmLogin.cs），重写 OnLoad。

（4）重写 OnLoad，传递参数给 PaintImage 过程。

```
protected override void OnLoad(EventArgs e)
{
base.OnLoad(e);
LogicLayer ll = new LogicLayer();
ll.PaintImage("学校成绩管理", "版本", "华文行楷", "Arial", this.picBoxLogin);
}
```

（6）按 F5 键，查看运行结果。

【理论知识】

按 F1 键，查看 MSDN 上的 Pen 类、Graphics 类和 Point 结构的信息，将 Pen 类中的构造方法、DrawLine 方法和 Point 的构造方法等的详细内容记下来。

【知识拓展】

通过 GDI+ 对图片进行一些简单的处理。

仿 QQ 截图软件。

项目十八 学校成绩管理系统

任务三 将用户信息保存到注册表

【任务描述】

为了能保存用户信息，减少记住输入密码的麻烦，将用户的信息保存到注册表。

【任务实施】

（1）声明一些私有的静态变量，保存对注册表的设置参数。

```
private const string userRoot = "HKEY_CURRENT_USER";
private const string subKey = "AddressList";
private const string keyName = userRoot + "\\SoftWare\\" + subKey;
private const string loginInfo = "LoginInfo";
```

（2）在 LogicLayer 类里添加一个私有的类，用来序列化用户信息。

```
[SerializableAttribute]    //序列化 标识
private class LoginUserInfo
{
    public string UserNo;
    public string UserPwd;
    public bool SaveUserPwd;
};
```

（3）保存数据到注册表。

```
///<summary>
///保存信息到注册表
///</summary>
public void SaveInfoToRegistry(string UserNo, string UserPwd, bool SaveUserPwd)
{
    LoginUserInfo userInfo = new LoginUserInfo();
    userInfo.UserNo = UserNo;
    userInfo.UserPwd = UserPwd;
    userInfo.SaveUserPwd = SaveUserPwd;
    MemoryStream stream = new MemoryStream();
    try
    {
        //创建二进制序列化类
        BinaryFormatter binFmt = new BinaryFormatter();
        //序列化类
        binFmt.Serialize(stream, userInfo);
```

```csharp
                stream.Position = 0;
                //将流的二进制信息写到注册表
                Registry.SetValue(keyName, loginInfo, stream.GetBuffer(), RegistryValueKind.Binary);
            }
            catch
            {
                throw;
            }
            finally
            {
                stream.Close();
                stream.Dispose();
            }
        }
```

（4）读取保存在注册表的信息。

```csharp
///<summary>
///读取保存在注册表的信息
///</summary>
public void ReadUserInfo(TextBox TxtUserNo, TextBox TxtUserPwd, CheckBox ChkMemPwd)
{
    //读取注册表信息
    byte[] bytes = (byte[])Registry.GetValue(keyName, loginInfo, null);
    if ((bytes != null) && (bytes.Length > 0))
        {
            MemoryStream stream = new MemoryStream();
            try
            {
                //将信息写入流中
                stream.Write(bytes, 0, bytes.Length);
                stream.Position = 0;
                BinaryFormatter binFmt = new BinaryFormatter();
                LoginUserInfo userInfo = new LoginUserInfo();
                //反序列
                userInfo = (LoginUserInfo)binFmt.Deserialize(stream);
                ChkMemPwd.Checked = userInfo.SaveUserPwd;
                if (userInfo.SaveUserPwd)
                {
                    TxtUserNo.Text = userInfo.UserNo;
```

```
                    TxtUserPwd.Text = userInfo.UserNo;
                }
            }
            catch
            {
                throw;
            }
            finally
            {
                stream.Close();
                stream.Dispose();
            }
        }
    }
}
```

（5）转到登录窗体（FrmLogin.cs）下，在重写的 OnLoad 下读取注册表信息（ReadUserInfo）。

（6）在登录按钮下保存用户信息（SaveInfoToRegistry）。

（7）按 F5 键，查看运行结果。

提示/备注：可以通过命令 regedit 直接打开注册表编辑器。

【理论知识】

Windows 操作系统的注册表中包含了很多有关计算机运行的配置方式，打开注册表可以看到注册表是按类似于目录的树结构组织的，其中第二级目录包含了五个预定义主键，分别是 HKEY_CLASSES_ROOT、HKEY_CURRENT_USER、HKEY_LOCAL_MACHINE、HKEY_USERS、HKEY_CURRENT_CONFIG。

下面分别解释这五个类的作用。

HKEY_CLASSES_ROOT：该主键包含了文件的扩展名和应用程序的关联信息，以及 Window Shell 和 OLE 用于储存注册表的信息。该主键下的子键决定了在 Windows 中如何显示该类文件以及它们的图标，该主键是从 HKEY_LCCAL_MACHINE\SOFTWARE\Classes 映射过来的。

HKEY_CURRENT_USER：该主键包含了如用户窗口信息、桌面设置等当前用户的信息。

HKEY_LOCAL_MACHINE：主键包含了计算机软件和硬件的安装和配置信息，该信息可供所有用户使用。

HKEY_USERS：该主键记录了当前用户的设置信息，每次用户登入系统时，就会在该主键下生成一个与用户登录名一样的子键，该子键保存了当前用户的桌面设置、背景位图、快捷键、字体等信息。一般应用程序不直接访问该主键，而是通过主键 HKEY_CURRENT_USER 进行访问。

HKEY_CURRENT_CONFIG：该主键保存了计算机当前硬件的配置信息，这些配置可以根据当前所连接的网络类型或硬件驱动软件安装的改变而改变。

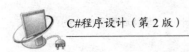

C#也支持对注册表的编辑，.NET 框架在 Microsoft.Win32 名字空间中提供了两个类来操作注册表：Registry 和 RegistryKey。这两个类都是密封类，不允许被继承。下面分别介绍这两个类。

Registry 类提供了 7 个公共的静态域，分别代表 7 个基本主键：Registry.ClassesRoot、Registry.CurrentUser、Registry.LocalMachine、Registry.Users、Registry.CurrentConfig（另外两个在 XP 系统中没有，此处就不介绍了）。

RegistryKey 类中提供了对注册表操作的方法。要注意的是，操作注册表必须符合系统权限，否则将会抛出错误。

操作注册表常用的方法如下。

创建子键的方法原型为：

public RegistryKey CreateSubKey(string sunbkey);

参数 sunbkey 表示要创建的子键的名称或路径名。创建成功，返回被创建的子键，否则返回 null。

打开子键的方法原型为：

public RegistryKey OpenSubKey(string name);

public RegistryKey OpenSubKey(string name,bool writable);

参数 name 表示要打开的子键名或其路径名，参数 writable 表示被打开的子键是否允许被修改，第一个方法打开的子键是只读的。Microsoft.Win32 类还提供了另一个方法，用于打开远程计算机上的注册表，方法原型为：

public static RegistryKey OpenRemoteBaseKey(RegistryHive hKey,string machineName);

删除子键的方法原型为：

public void DeleteKey(string subkey);

该方法用于删除指定的主键。如果要删除的子键还包含主键，则删除失败，并返回一个异常。如果要彻底删除该子键及其目录下的子键，可以用方法 DeleteSubKeyTree，该方法原型如下：

public void DeleteKeyTree(string subkey);

读取键值的方法原型如下：

public object GetValue(string name);

public object GetValue(string name,object defaultValue);

参数 name 表示键的名称，返回类型是一个 object 类型，如果指定的键不存在，则返回 null。如果失败，又不希望返回的值是 null，则可以指定参数 defaultValue。指定了参数后，在读取失败的情况下返回该参数指定的值。

设置键值的方法原型如下：

public object SetValue(string name,object value);

【知识拓展】

通过注册表修改 IE 主页的默认设置。

任务四　新建登录窗体，添加控件，并设置其属性

【任务描述】

以登录窗口为例，演示一下本项目，注意添加窗体和控件操作时的规范。其他窗体请参照进行。

【任务实施】

（1）右击 UIL 项目层，添加 Windows 窗口，命名为 FrmLogin.cs。

（2）设置窗体属性，字体和大小为 `Font` 宋体，10.5pt，边框样式为 `FormBorderStyle` `FixedDialog`，窗体图标为 `Icon` (Icon)，是否最大化为 `MaximizeBox` `False`，是否最小化为 `MinimizeBox` `False`，窗体大小可以自行调整，窗体出现的位置为 `StartPosition` `CenterScreen`，窗体显示标题为 `Text` 用户登录，其他属性为默认值。

（3）在窗体上添加必要的控件并命名，见表 18-8。

表 18-8　控件及命名

控　件	Name	Text	用　途	其　他
PictureBox	picBoxLogin	无	显示 GDI+图片	无
Label	LabNo	账号：	显示账号：提示	AutoSize 为 True
Label	LabPwd	密码：	显示密码：提示	AutoSize 为 True
TextBox	TxtUserNo	无	接受用户账号	无
TextBox	TxtUserPwd	无	接受用户密码	PasswordChar 为*
LinkLabel	LikResumePwd	取回密码	弹出取回密码窗体	AutoSize 为 True
CheckBox	ChkMemPwd	记住密码	记住用户登录信息	AutoSize 为 True
GroupBox	groupBox1	无	分隔符	Size 为 280，8
Button	BtnLogin	登陆	用户登录	无
Button	BtnReset	重置	清除数据	无
Button	BtnExit	退出	取消登录	无

4. 按 F5 键，查看运行结果，如图 18-16 所示。

图 18-16　运行结果

提示/备注： 以下任务如没有特殊情况，都是按照本任务例子来设置，请读者根据具体情况进行具体处理。

任务五 建立强类型数据集

【任务描述】

在日常开发中，为了编写数据的增加、更新、修改、删除等功能，不得不面对枯燥的代码，做重复的工作。.NET 2.0 正式版的发布，对程序开发人员来说无疑是一件很大的喜事，Visual Studio 2012 的一些新的增强功能和 ADO.NET 2.0 的新特性使开发高可伸缩的多层数据库应用程序更加简单和快捷。

下面通过一个例子来详细介绍如何通过 VS 2012 来生成强类型 DataSet 简化开发流程，生成可伸缩性的多层数据库应用程序。

【任务实施】

（1）在数据层 DAL 上右击，选择"添加"→"新建项"→"数据集"，如图 18-17 所示，设置名称为 StuBase.xsd。

图 18-17 "添加新项"对话框

单击"添加"按钮，新建的数据集如图 18-18 所示。

图 18-18 新建的数据集

（2）单击"服务器资源管理器"，打开"服务器资源管理器"对话框，如图 18-19 所示。

图 18-19 "服务器资源管理器"对话框

右击"数据连接"→"添加连接"，如图 18-20 所示，与添加数据库连接一样配置。选择服务器名（.），使用 Sql Server 身份验证（sa），选择数据库。

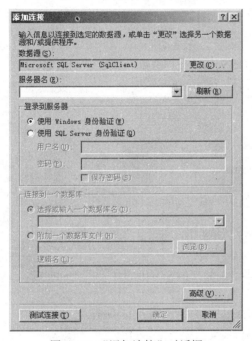

图 18-20 "添加连接"对话框

（3）将"服务器资源管理器"中的表或视图直接拖到右边的数据集中。上半部分是表，呈现表的架构，下半部分是表适配器，用来对表进行操作，如图 18-21 所示。可以右击"添加查询"，请读者自行尝试。

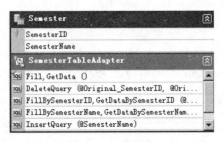

图 18-21 数据集

提示/备注：可以通过"项目"→"属性"→"设置"来完成连接字符串的添加。

任务六 强类型数据集的使用

【任务描述】

使用强类型数据集进行有效编码。下面的实例实现在逻辑层（BLL）DataLayer 类中添加 4 个函数：查询学期（GetSemester）、添加学期（InsertSemester）、删除学期（DeleteSemester）和修改学期（UpDateSemester）。

【任务实施】

（1）添加查询学期（GetSemester）函数，获取学期信息。

```
///<summary>
///查询学期
///</summary>
///<returns></returns>
public DataTable GetSemester()
{
    //实例化数据集
    StuBase ds = new StuBase();
    //学期表适配器
    SemesterTableAdapter da = new SemesterTableAdapter();
    //实例化一个学期表实例
    StuBase.SemesterDataTable dt = ds.Semester;
    //填充学期表实例
    da.Fill(dt);
    return dt;
}
```

（2）添加学期（InsertSemester）函数，插入学期信息。

```
///<summary>
///添加学期
///</summary>
///<param name="SemesterName">学期名称</param>
///<returns></returns>
public int InsertSemester(string SemesterName)
{
    //实例化数据集
    StuBase ds = new StuBase();
    //学期表适配器
```

```
        SemesterTableAdapter da = new SemesterTableAdapter();
        //实例化一个学期表实例
        StuBase.SemesterDataTable dt = ds.Semester;
        //如果表里有记录，则表示重复键，反之插入数据
        if (da.FillBySemesterName(dt, SemesterName) == 1)
            return 0;
        else
            return da.InsertQuery(SemesterName);
}
```

（3）添加删除学期（DeleteSemester）函数，删除学期信息。

```
///<summary>
///删除学期
///</summary>
///<param name="SemesterID">学期编号</param>
///<param name="SemesterName">学期名称</param>
///<returns></returns>
public int DeleteSemester(int SemesterID,string SemesterName)
{
        SemesterTableAdapter da = new SemesterTableAdapter();
        return da.DeleteQuery(SemesterID, SemesterName);
}
```

（4）添加修改学期（UpDateSemester）函数，修改学期信息。

```
///<summary>
///修改学期
///</summary>
///<param name="Ole_SemesterID">原学期编号</param>
///<param name="Ole_SemesterName">原学期名称</param>
///<param name="SemesterName">学期名称</param>
///<returns></returns>
public int UpDateSemester(int Ole_SemesterID,string Ole_SemesterName,string SemesterName)
{
        SemesterTableAdapter da = new SemesterTableAdapter();
        return da.UpdateQuery(SemesterName, Ole_SemesterID, Ole_SemesterName, Ole_SemesterID);
}
```

【理论知识】

1. 深入强类型数据集

强类型数据集由派生自一般数据类（如 DataRow、DataTable 和 DataSet）的特殊类组成。这些继承的类加入了强类型属性访问、创建和获取记录的辅助方法、代码转换及异常处理。如果在类库项目中创建强类型数据集，可以通过查询 DataSet 类文件来研究生成的代码，这个文件通常和强类型的 DataSet.xsd 文件同名，但使用 .Designer.cs 做后缀名（如 NorthwindDataSet.Designer.cs）。如果在 Web 应用程序中创建强类型数据集，这段代码将成为 ASP.NET 编译进程的一部分，所以在项目里看不到它们。

2. 重新生成强类型的 DataSet

即便是经过精心计划的数据库，最终也需要修改。不幸的是，对强类型的 DataSet 进行更新是一个比较麻烦的过程。唯一的办法是从头重新生成强类型的 DataSet 类。有一些办法可以使这一过程稍微简单一些，但是都不完美。下面是可以使用的基本策略。

① 从设计界面删除所有旧表，然后从服务器资源管理器加入新版本的表。如果只对强类型的 DataSet 类做了最少的自定义（例如，为字段改名、添加关系等），这个办法是最好的。否则，将会有大量工作要做。

② 把新表添加到设计界面，然后移除旧版本并重命名新表。这个方法和前一个相似，但能够对新、旧表的架构做更严密的比较，这能够帮助找出和迁移自己定制的内容。

③ 手工编辑表。如果只有很少的变动，可以选择保持现有的表，然后稍做调整。例如，对列重命名或者在设计器中只新增列，是很容易的。

④ 使用 TableAdapter 向导。如果表有表适配器，那么可以借助 TableAdapter 向导完成这一工作。在设计界面右击表并选择"配置"。一些开发人员发现在变更前运行向导（删除准备修改的字段）、在变更后再次运行向导（重新加入修改的字段）是最方便的。

任务七　学生信息的统计

【任务描述】

学生信息从多个不同的数据源得到，其中还用到了交叉表显示某门课程的成绩。运行结果如图 18-22 所示。

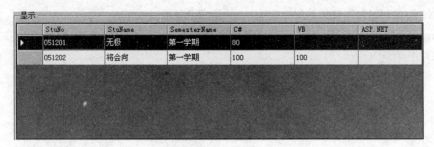

图 18-22　运行结果

这里显示的数据不是一张完整的表，而是几张表的“合成”，尤其是显示课程名和成绩，更是用到了交叉表。

设计思路是通过学生成绩表一层一层地解剖，如图 18-23 所示。显示与插入数据正好相反。

表 - dbo.StuScore

StuNo	ClassCourseID	Score
051201	3	80
051202	3	100
051202	4	100

（a）

表 - dbo.StuInfo

StuID	StuNo	StuName	StuSex	StuBirth	ClassID
2	051201	无极	True	1990-1-2 0:00:00	2
3	051202	将会向	True	1990-2-11 0:00:00	2
4	051101	认为	False	1990-2-1 0:00:00	1

（b）

表 - dbo.ClassCourse

ClassCourseID	ClassID	SemesterID	CourseID
2	1	3	1
3	2	3	1
4	2	3	2

（c）

表 - dbo.Semester

SemesterID	SemesterName
3	第一学期
5	第二学期
6	第三学期

（d）

表 - dbo.Course

CourseID	CourseName
1	C#
2	VB
3	ASP.NET

（e）

表 - dbo.SClass

ClassID	ClassName
1	0511
2	0512
3	0513
4	0514

（f）

图 18-23　各表信息解剖

（a）学生成绩表；（b）学生信息表；（c）班级课程表；（d）学期表；（e）课程表；（f）班级表

通过上面一些表的结构可以得到显示和插入的正反操作思路：

1. 显示数据

（1）用户登录，通过对用户的权限（0512）和学生成绩表（StuScore）的 StuNo 前 4 位的比较（0512），选出他们班的同学。

（2）遍历（0512）班的所有同学，到学生信息表（StuInfo）匹配出学生姓名（StuName）。

（3）遍历（0512）班的所有同学，到班级课程表（ClassCourse）匹配出对应的记录。

（4）通过步骤（3）匹配出的记录的学期编号（SemesterID），到学期表里找出相应的学期名称（SemesterName）。

（5）通过第（3）步匹配出的记录的课程编号（CourseID），到课程表里找出相应的课程名称（CourseName）。

（6）手动建立表，添加列（StuNo、StuName、SemesterName），遍历课程表的所有记录，把课程名称添加成列。

2. 插入数据

（1）用户登录，通过用户的权限（0512），到学生信息表（StuInfo）匹配班级编号（ClassID），找出本班的所有学生的学生编号（StuID）。

（2）通过班级名称（0512），到班级表（SClass）找出班级编号（ClassID）。

（3）通过用户选择的学期名称（SemesterName），到学期表（Semester）找出学期编号（SemesterID）。

（4）通过用户选择的课程名称（CourseName），到课程表（Course）找出课程编号（CourseID）。

（5）通过第（2）、（3）、（4）步得到的 ClassID、SemesterID、CourseID，匹配班级课程表（ClassCourse），得到班级课程编号（ClassCourseID）

（6）把第（1）步的学生编号（StuID）、第（5）步的班级课程编号（ClassCourseID）及用户输入的成绩（Score）添加到学生成绩表（StuScore）。

3．难点

（1）交叉表。

如图 18-24 所示，可以看出使用交叉表显示数据的最大优势是一目了然。

	A	B	C
1	学号	课程	成绩
2	051201	C#	100
3		VB	100
4		ASP.NET	80
5	051202	C#	50
6		VB	90
7		ASP.NET	
8	051203	C#	80
9		VB	
10		ASP.NET	100

（a）

	A	B	C	D
1	学号	C#	VB	ASP.NET
2	051201	100	100	80
3	051202	50	90	
4	051203	80		100

（b）

图 18-24　数据比较

（a）未使用交叉显示数据；（b）使用交叉显示数据

那么到底如何实现呢？

在这里只给出一个思路，具体请看“任务实施”中的内容。交叉表的实现，最关键的就是将某张表的字段值变为另外一张表的列。

```
foreach (StuBase.CourseRow cr in dt_Course.Rows)
{
    //将课程表的课程名称添加到新表 dt 的列中
    dt.Columns.Add(cr["CourseName"].ToString(), typeof(float));
}
```

（2）将某一门课程的成绩显示到对应的课程下面。

```
//通过课程编号找出课程名称，并在对应的课程名称下添加成绩
da_Course.FillByCourseID(dt_Course,
int.Parse(dt_ClassCourse.Rows[0]["CourseID"].ToString()));
dr[dt_Course.Rows[0]["CourseName"].ToString()] = float.Parse(ssr["Score"].ToString());
```

（3）一个同学有几门课，但只显示一条数据。

将表添加主键，通过对表的主键进行查找，看是否有记录，如无，则添加，反之修改。

项目十八　学校成绩管理系统

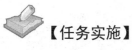【任务实施】

（1）在 DataLayer 类中添加一个查询学生成绩的函数（GetStuScore）。
（2）实现具体函数。

///<summary>
///查询学生成绩
///</summary>
///<returns></returns>
public DataTable GetStuScore()
{
　　//实例化数据集
　　StuBase ds = new StuBase();
　　//学生信息表
　　StuBase.StuInfoDataTable dt_StuInfo = ds.StuInfo;
　　//学生信息表适配器
　　StuInfoTableAdapter da_StuInfo = new StuInfoTableAdapter();
　　//班级成绩表
　　StuBase.ClassCourseDataTable dt_ClassCourse = ds.ClassCourse;
　　//班级成绩表适配器
　　ClassCourseTableAdapter da_ClassCourse = new ClassCourseTableAdapter();
　　//学期表
　　StuBase.SemesterDataTable dt_Semester = ds.Semester;
　　//学期表适配器
　　SemesterTableAdapter da_Semester = new SemesterTableAdapter();
　　//课程表
　　StuBase.CourseDataTable dt_Course = ds.Course;
　　//课程表适配器
　　CourseTableAdapter da_Course = new CourseTableAdapter();
　　//填充课程表
　　da_Course.Fill(dt_Course);
　　//学生成绩表
　　StuBase.StuScoreDataTable dt_StuScore = ds.StuScore;
　　//学生成绩表适配器
　　StuScoreTableAdapter da_StuScore = new StuScoreTableAdapter();
　　//通过教师的权限（0512）找出学生成绩表中是 0512 班的学生
　　da_StuScore.FillByStuNo(dt_StuScore, "0512");
　　//新建显示表
　　DataTable dt = new DataTable();
　　//添加列

```csharp
            dt.Columns.Add("StuNo", typeof(string));
            dt.Columns.Add("StuName", typeof(string));
            dt.Columns.Add("SemesterName", typeof(string));
            foreach (StuBase.CourseRow cr in dt_Course.Rows)
            {
                //将课程表的课程名称添加到新表 dt 的列中
                dt.Columns.Add(cr["CourseName"].ToString(), typeof(float));
            }
            //设置显示表的主键
            dt.PrimaryKey = new DataColumn[] { dt.Columns["StuNo"] };
            DataRow dr = null;
            //遍历学生成绩表
            foreach (StuBase.StuScoreRow ssr in dt_StuScore.Rows)
            {
                //通过主键查找该用户是否存在！
                if (dt.Rows.Find(ssr["StuNo"].ToString()) == null)
                {
                    //添加一个新行
                    dr = dt.NewRow();
                    //从学生信息表里查找对应的学生并添加对应列
                    da_StuInfo.FillByStuNo(dt_StuInfo, ssr["StuNo"].ToString());
                    dr["StuNo"] = ssr["StuNo"].ToString();
                    dr["StuName"] = dt_StuInfo.Rows[0]["StuName"].ToString();
                    //从班级课程表里通过班级课程编号找出对应的数据
                    da_ClassCourse.FillByClassCourseID(dt_ClassCourse, int.Parse(ssr["ClassCourseID"].ToString()));
                    //通过上步找到的学期编号添加学期名称
                    da_Semester.FillBySemesterID(dt_Semester, int.Parse(dt_ClassCourse.Rows[0]["SemesterID"].ToString()));
                    dr["SemesterName"] = dt_Semester.Rows[0]["SemesterName"].ToString();
                    //通过课程编号找出课程名称，并在对应的课程名称下添加成绩
                    da_Course.FillByCourseID(dt_Course, int.Parse(dt_ClassCourse.Rows[0]["CourseID"].ToString()));
                    dr[dt_Course.Rows[0]["CourseName"].ToString()] = float.Parse(ssr["Score"].ToString());
                    dt.Rows.Add(dr);
                }
                else
                {
```

```
                    dr = dt.Rows.Find(ssr["StuNo"].ToString());
                    da_StuInfo.FillByStuNo(dt_StuInfo, ssr["StuNo"].ToString());
                    dr["StuNo"] = ssr["StuNo"].ToString();
                    dr["StuName"] = dt_StuInfo.Rows[0]["StuName"].ToString();
                    da_ClassCourse.FillByClassCourseID(dt_ClassCourse, int.Parse(ssr["ClassCourseID"].ToString()));
                    da_Semester.FillBySemesterID(dt_Semester, int.Parse(dt_ClassCourse.Rows[0]["SemesterID"].ToString()));
                    dr["SemesterName"] = dt_Semester.Rows[0]["SemesterName"].ToString();
                    da_Course.FillByCourseID(dt_Course, int.Parse(dt_ClassCourse.Rows[0]["CourseID"].ToString()));
                    dr[dt_Course.Rows[0]["CourseName"].ToString()] = float.Parse(ssr["Score"].ToString());
                }
            }
            return dt;
        }
```

（3）在统计窗体通过 BindingSource、BindingNavigator 和 DataGridView 控件集合实现数据的导航浏览。BindingNavigator 的 BindingSource 数据源指定 BindingSource 控件，在窗体加载时，BindingSource 控件的数据源指定查询学生成绩函数（GetStuScore），DataGridView 数据源指定 BindingSource。

【项目小结】

本项目创建了功能完备的学校成绩管理系统，实现了包括学期管理、课程管理、班级管理、学生信息管理、班级课程管理、用户权限管理、学生成绩录入、学生成绩统计等功能。从项目开发过程，领会了结构化系统开发思想，掌握了三层构架、强类型数据库、注册表操作等。

【独立实践】

项目描述：

任务单

1	
2	
3	
4	
5	

任务一：_____

任务二：_____

任务三：_____

【思考与练习】

1. 分小组讨论设计项目"高职学生就业信息管理系统"。
2. 分小组讨论设计项目"×××班信息管理系统"。

附录 A
C#编程规范

本规范以网上传得比较广的《东软 C#编程规范 Version 2.0》为蓝本,将其中的一些部分规范整理出来的,仅供学生学习参考用。可以搜索东软和中兴两大著名公司的 C#编程命名规范说明书,搜索关键词为"东软集团有限公司 C#编程规范""中兴编程规范_C#",将文档下载后详细阅读,相信收获将会更大。

1 概述

1.1 规范制定原则
(1)方便代码的交流和维护。
(2)不影响编码的效率,不与大众习惯冲突。
(3)使代码更美观、阅读更方便。
(4)使代码的逻辑更清晰、更易于理解。

1.2 术语定义
(1)Pascal 大小写:
将标识符的首字母和后面连接的每个单词的首字母都大写。可以对三字符或更多字符的标识符使用 Pascal 大小写,如 BackColor。

(2)Camel 大小写:
标识符的首字母小写,而每个后面连接的单词的首字母都大写,如 backColor。

1.3 文件命名组织

1.3.1 文件命名
(1)文件名遵从 Pascal 命名法,无特殊情况,扩展名小写。
(2)使用统一而又通用的文件扩展名:C#类.cs。

1.3.2 文件注释
(1)在每个文件头必须包含以下注释说明。

```
/*-----------------------------------------------------------
//Copyright (C) XXX 信息有限公司名称
//版权所有。
//
//文件名:
//文件功能描述:
//
//
//创建标识:
//
```

```
            //修改标识：
            //修改描述：
            //
            //修改标识：
            //修改描述：
//-----------------------------------------------------------*/
```

（2）文件功能描述只需简述，详情在类的注释中描述。
（3）创建标识和修改标识由创建或修改人员的拼音或英文名加日期组成。如：

姚晓明 20040408

（4）一天内有多个修改的，只需要在注释说明中做一个修改标识就够了。
（5）在所有的代码修改处加上修改标识的注释。

2 代码外观

2.1 列宽
代码列宽控制在 110 字符左右，原则上不超过屏宽。

2.2 换行
当表达式超出或即将超出规定的列宽时，遵循以下规则进行换行：
（1）在逗号、括号后换行。
（2）在操作符前换行。
（3）规则 1 优先于规则 2。
当以上规则会导致代码混乱的时候，自己采取更灵活的换行规则。

2.3 缩进
缩进应该是每行一个 Tab（4 个空格），不要在代码中使用 Tab 字符。
Visual Studio.Net 设置：工具→选项→文本编辑器→C#→制表符→插入空格。

2.4 空行
空行是为了将逻辑上相关联的代码分块，以便提高代码的可阅读性。
在以下情况下使用两个空行：
（1）接口和类的定义之间。
（2）枚举和类的定义之间。
（3）类与类的定义之间。
在以下情况下使用一个空行：
（1）方法与方法、属性与属性之间。
（2）方法中变量声明与语句之间。
（3）方法与方法之间。
（4）方法中不同的逻辑块之间。
（5）方法中的返回语句与其他的语句之间。
（6）属性与方法、属性与字段、方法与字段之间。
（7）注释与它注释的语句间不空行，但与其他的语句间空一行。
（8）文件之中不得存在无规则的空行，比如连续十个空行。空行是为了将逻辑上相关联的代码分块，以便提高代码的可阅读性。

2.5 空格

在以下情况中要使用到空格：

（1）关键字和左括号"("应该用空格隔开。如

while(true)

注意在方法名和左括号"("之间不要使用空格，这样有助于辨认代码中的方法调用与关键字。

（2）多个参数用逗号隔开，每个逗号后都应加一个空格。

（3）除了"."之外，所有的二元操作符都应用空格与它们的操作数隔开。一元操作符"、""++"及"--"与操作数间不需要空格。如

```
a  +=  c + d;
a  =  (a + b)  /  (c * d);
while  (d++  =  s++)
{
    n++;
}
PrintSize("size is "  +  size  +  "\n");
```

（4）语句中的表达式之间用空格隔开。如

```
for   (expr1;   expr2;   expr3)
```

2.6 花括号{}

（1）左花括号"{"放于关键字或方法名的下一行并与之对齐。如

```
if (condition)
{
}
public int Add(int x, int y)
{
}
```

（2）左花括号"{"要与相应的右花括号"}"对齐。

（3）通常情况下，左花括号"{"单独成行，不与任何语句并列一行。

（4）if、while、do 语句后一定要使用{}，即使{}号中为空或只有一条语句。如

```
if (somevalue == 1)
{
    somevalue = 2;
}
```

（5）右花括号"}"后建议加一个注释，以便于方便地找到与之相应的{。如

```
while   (1)
{
    if   (valid)
    {
```

```
    } //if valid
    else
    {
    } //not valid
} //end forever
```

3 程序注释

3.1 注释概述

（1）修改代码时，总是使代码周围的注释保持最新。

（2）在每个例程的开始，提供标准的注释样本以指示例程的用途、假设和限制。注释样本应该是解释它为什么存在和可以做什么的简短介绍。

（3）避免在代码行的末尾添加注释；行尾注释使代码更难阅读。不过，在批注变量声明时，行尾注释是合适的，在这种情况下，将所有行尾注释在公共制表位处对齐。

（4）避免杂乱的注释，如一整行星号，应该使用空白将注释与代码分开。

（5）在部署发布之前，移除所有临时或无关的注释，以避免在日后的维护工作中产生混乱。

（6）如果需要用注释来解释复杂的代码节，检查此代码以确定是否应该重写它。尽一切可能不注释难以理解的代码，而应该重写它。尽管一般不应该为了使代码更简单以便于人们使用而牺牲性能，但必须保持性能和可维护性之间的平衡。

（7）在编写注释时，使用完整的句子。注释应该阐明代码，而不应该增加多义性。

（8）在编写代码时就注释，因为以后很可能没有时间这样做。另外，如果有机会，复查已编写的代码，在今天看来很明显的东西，以后或许就不明显了。

（9）避免多余的或不适当的注释。

（10）使用注释来解释代码的意图。它们不应作为代码的联机翻译。

（11）注释代码中不十分明显的任何内容。

（12）为了防止问题反复出现，对错误修复和解决方法代码，总是使用注释。

（13）对由循环和逻辑分支组成的代码使用注释。

（14）在整个应用程序中，使用具有一致的标点和统一的结构来构造注释。

（15）在所有的代码修改处加上修改标示的注释。

（16）为了使层次清晰，在闭合的右花括号后注释该闭合所对应的起点。

```
namespace Langchao.Procument.Web
{
} //namespace Langchao.Procument.Web
```

3.2 文档型注释

该类注释采用.Net 已定义好的 Xml 标签来标记，在声明接口、类、方法、属性、字段时，都应该使用该类注释，以便代码完成后直接生成代码文档，让别人更好地了解代码的实现和接口。如

```
///<summary>MyMethod is a method in the MyClass class.
///<para>Here's how you could make a second paragraph in a description.
///<see cref="System.Console.WriteLine"/>
```

```
///for information about output statements.
///</para>
///<seealso cref="MyClass.Main"/>
///</summary>
public static void MyMethod(int Int1)
{
}
```

3.3 类 C 注释

该类注释用于:

(1) 不再使用的代码。

(2) 临时测试屏蔽某些代码。

用法:

```
    /*
[修改标识]
[修改原因]
... (the source code )
*/
```

3.4 单行注释

该类注释用于:

(1) 方法内的代码注释。如变量的声明、代码或代码段的解释。注释示例:

```
    //
//注释语句
    //
    private int number;
```

或

```
    //注释语句
    private int number;
```

(2) 方法内变量的声明或花括号后的注释, 注释示例:

```
if ( 1 == 1)      //always true
{
    statement;
} //always true
```

4 申明

4.1 每行声明数

一行只建议做一个声明,并按字母顺序排列。如:

```
int level;      //推荐
int size;       //推荐
int x, y;       //不推荐
```

4.2 初始化
建议在变量声明时就对其做初始化。

4.3 位置
变量建议置于块的开始处，不要总是在第一次使用它们的地方做声明。如：

```
void MyMethod()
{
    int int1 = 0;           //beginning of method block
    if (condition)
    {
        int int2 = 0;       //beginning of "if" block
        ...
    }
}
```

不过也有一个例外：

```
for (int i = 0; i < maxLoops; i++)
{
    ...
}
```

应避免不同层次间的变量重名，如：

```
    int count;
    ...
void MyMethod()
{
    if (condition)
    {
        int count = 0;      //避免
        ...
    }
    ...
}
```

4.4 类和接口的声明
（1）在方法名与其后的左括号间没有任何空格。
（2）左花括号"{"出现在声明的下行并与之对齐，单独成行。
（3）方法间用一个空行隔开。

4.5 字段的声明
不要使用 public 或 protected 的实例字段。如果不将字段直接公开给开发人员，可以更轻松地对类进行版本控制。原因是，在维护二进制兼容性时，字段不能被更改为属性。考虑为字段提供 get 和 set 属性访问器，而不是使它们成为公共的。get 和 set 属性访问器中可执行代码的存在使得可以进行后续改进，如使用属性或者得到属性更改通知时，根据需要创建对象。下面的代码示例阐释带有 get 和 set 属性访问器的私有实例字段的正确使用。示例：

```
public class Control: Component
{
    private int handle;
    public    int Handle
    {
        get
        {
            return handle;
        }
    }
}
```

5 命名规范

5.1 命名概述

名称应该说明"什么"，而不是"如何"。通过避免使用公开基础实现（它们会发生改变）的名称，可以保留简化复杂性的抽象层。例如，可以使用 GetNextStudent()，而不使用 GetNextArrayElement()。

命名原则：

选择正确的名称时，如果遇到困难，可能表明需要进一步分析或定义项的目的，使名称足够长，以便有一定的意义，并且足够短，以避免冗长。唯一名称在编程上仅用于将各项区分开。表现力强的名称是为了帮助人们阅读。因此，提供人们可以理解的名称是有意义的。

推荐的命名方法：

（1）避免容易被主观解释的难懂的名称。如命名 AnalyzeThis()，或者属性名 xxK8，这样的名称会导致多义性。

（2）在类属性的名称中包含类名是多余的，如 Book.BookTitle。而应该使用 Book.Title。

（3）只要合适，在变量名的末尾或开头加计算限定符（Avg、Sum、Min、Max、Index）。

（4）在变量名中使用互补对，如 min/max、begin/end 和 open/close。

（5）布尔变量名应该包含 Is，这意味着 Yes/No 或 True/False 值，如 fileIsFound。

（6）在命名状态变量时，避免使用诸如 Flag 的术语。状态变量不同于布尔变量的地方是它可以具有两个以上的可能值。不是使用 documentFlag，而使用更具描述性的名称，如 documentFormatType。（此项只供参考）

（7）即使对于可能仅出现在几个代码行中的生存期很短的变量，仍然使用有意义的名称。仅对于短循环索引使用单字母变量名，如 i 或 j。可能的情况下，尽量不要使用原义数字或原义字符串，如 For i = 1 To 7。而是使用命名常数，如 For i = 1 To NUM_DAYS_IN_WEEK，以便于维护和理解。

（8）文件名要和类名相同，一般情况下一个类一个文件。

5.2 大小写规则

下表汇总了大写规则，并提供了不同类型的标识符的示例。

标 识 符	大 小 写	示 例
类	Pascal	AppDomain
枚举类型	Pascal	ErrorLevel
枚举值	Pascal	FatalError
事件	Pascal	ValueChange
异常类	Pascal	WebException 注意：总是以 Exception 后缀结尾
只读的静态字段	Pascal	RedValue
接口	Pascal	IDisposable 注意：总是以 I 前缀开始。
方法	Pascal	ToString
命名空间	Pascal	System.Drawing
属性	Pascal	BackColor
公共实例字段	Pascal	RedValue 注意：很少使用。属性优于使用公共实例字段
受保护的实例字段	Camel	redValue 注意：很少使用。属性优于使用受保护的实例字段
私有的实例字段	Camel	redValue
参数	Camel	typeName
方法内的变量	Camel	backColor

5.3 缩写

为了避免混淆和保证跨语言交互操作，请遵循有关区缩写的使用规则：

（1）不要将缩写或缩略形式用作标识符名称的组成部分。例如，使用 GetWindow，而不要使用 GetWin。

（2）不要使用计算机领域中未被普遍接受的缩写。

（3）在适当的时候，使用众所周知的缩写替换冗长的词组名称。例如，用 UI 作为 User Interface 的缩写，用 OLAP 作为 On-line Analytical Processing 的缩写。

（4）在使用缩写时，对于超过两个字符长度的缩写，使用 Pascal 大小写或 Camel 大小写。例如，使用 HtmlButton 或 HTMLButton。但是，仅有两个字符的缩写应当大写，如，System.IO，而不是 System.Io。

5.4 命名空间

（1）对命名空间进行命名的一般性规则是使用公司名称，后跟技术名称和可选的功能与设计，如下所示。

CompanyName.TechnologyName[.Feature][.Design]

例如：

```
namespace Langchao.Procurement              //浪潮公司的采购单管理系统
namespace Langchao.Procurement.DataRules    /*浪潮公司的采购单管理系统的业务规则
模块*/
```

（2）命名空间使用 Pascal 大小写，用逗号分隔开。

（3）TechnologyName 指的是该项目的英文缩写，或软件名。

（4）命名空间和类不能使用同样的名字。例如，有一个类被命名为 Debug 后，就不要再使用 Debug 作为一个空间名。

5.5 类

（1）使用 Pascal 大小写。

（2）用名词或名词短语命名类。

（3）使用全称避免缩写，除非缩写已是一种公认的约定，如 URL、HTML。

（4）不要使用类型前缀，如在类名称上对类使用 C 前缀。例如，使用类名称 FileStream，而不是 CFileStream。

（5）不要使用下划线字符(_)。

（6）有时候需要提供以字母 I 开始的类名称，虽然该类不是接口。只要 I 是作为类名称组成部分的整个单词的第一个字母，这便是适当的。例如，类名称 IdentityStore 是适当的。在适当的地方，使用复合单词命名派生的类。派生类名称的第二个部分应当是基类的名称。例如，ApplicationException 对于从名为 Exception 的类派生的类是适当的名称，原因是 ApplicationException 是一种 Exception。在应用该规则时需进行合理的判断。例如，Button 对于从 Control 派生的类是适当的名称。尽管按钮是一种控件，但是将 Control 作为类名称的一部分将使名称不必要地加长。

```
public class FileStream
public class Button
public class String
```

5.6 接口

以下规则概述接口的命名指南：

（1）用名词或名词短语，或者描述行为的形容词命名接口。例如，接口名称 IComponent 使用描述性名词。接口名称 ICustomAttributeProvider 使用名词短语。名称 IPersistable 使用形容词。

（2）使用 Pascal 大小写。

（3）少用缩写。

（4）给接口名称加上字母 I 前缀，以指示该类型为接口。在定义类/接口对（其中类是接口的标准实现）时，使用相似的名称。两个名称的区别应该只是接口名称上有字母 I 前缀。

（5）不要使用下划线字符(_)。

（6）当类是接口的标准执行时，定义这一对类/接口组合就要使用相似的名称。两个名称的不同之处只是接口名前有一个 I 前缀。

以下是正确命名的接口的示例。

```
public interface IServiceProvider
public interface IFormatable
```

以下代码示例阐释如何定义 IComponent 接口及其标准实现 Component 类。

```
public interface IComponent
{
    //Implementation code goes here.
}


public class Component: IComponent
{
    //Implementation code goes here.
}
```

5.7 属性（Attribute）

应该总是将后缀 Attribute 添加到自定义属性类。以下是正确命名的属性类的示例。

```
public class ObsoleteAttribute
{
}
```

5.8 枚举（Enum）

枚举（Enum）值类型从 Enum 类继承。以下规则概述枚举的命名指南：

（1）对于 Enum 类型和值名称，使用 Pascal 大小写。

（2）少用缩写。

（3）不要在 Enum 类型名称上使用 Enum 后缀。

（4）避免显式指定枚举的值。

```
//正确
public enum Color
{
Red,Green,Blue
}


//避免
public enum Color
{
Red=1,Green=2,Blue=3
}
```

（5）避免为枚举指定一个类型。

```
//避免
public enum Color:long
{
Red,Green,Blue
}
```

5.9 参数

以下规则概述参数的命名指南：

（1）使用描述性参数名称。参数名称应当具有足够的描述性，以便参数的名称及其类型可用于在大多数情况下确定它的含义。

（2）对参数名称使用 Camel 大小写。

（3）使用描述参数的含义的名称，而不使用描述参数的类型的名称。开发工具将提供有关参数的类型的有意义的信息。因此，通过描述意义，可以更好地使用参数的名称。少用基于类型的参数名称，仅在适合使用它们的地方使用它们。

（4）不要给参数名称加匈牙利语类型表示法的前缀。

以下是正确命名的参数示例。

```
Type GetType(string typeName)
string Format(string format, args() As object)
```

5.10 方法

以下规则概述方法的命名指南：

（1）使用动词或动词短语命名方法。

（2）使用 Pascal 大小写。

（3）以下是正确命名的方法示例。

```
RemoveAll()
GetCharArray()
Invoke()
```

5.11 属性（property）

以下规则概述属性的命名指南：

（1）使用名词或名词短语命名属性。

（2）使用 Pascal 大小写。

（3）不要使用匈牙利语表示法。

（4）考虑用与属性的基础类型相同的名称创建属性。例如，如果声明名为 Color 的属性，则属性的类型同样应该是 Color。请参阅本主题中后面的示例。

以下代码示例阐释正确的属性命名。

```
public class SampleClass
{
    public Color BackColor
    {
        //Code for Get and Set accessors goes here.
    }
}
```

以下代码示例阐释提供其名称与类型相同的属性。

```
public enum Color
{
    //Insert code for Enum here.
```

```
}
public class Control
{
    public Color Color
    {
        get
        {
            //Insert code here.
        }
        set
        {
            //Insert code here.
        }
    }
}
```

5.12 事件

以下规则概述事件的命名指南:

(1) 对事件处理程序名称使用 EventHandler 后缀。

(2) 指定两个名为 sender 和 e 的参数。sender 参数表示引发事件的对象。sender 参数始终是 object 类型的,即使在可以使用更为特定的类型时也如此。与事件相关联的状态封装在名为 e 的事件类的实例中。对 e 参数类型使用适当而特定的事件类。

(3) 用 EventArgs 后缀命名事件参数类。

(4) 考虑用动词命名事件。

(5) 使用动名词(动词的"ing"形式)创建表示事件前的概念的事件名称,用过去式表示事件后的概念的名称。例如,可以取消的 Close 事件应当具有 Closing 事件和 Closed 事件。不要使用 BeforeXxx/AfterXxx 命名模式。

(6) 不要在类型的事件声明上使用前缀或者后缀。例如,使用 Close,而不要使用 OnClose。

(7) 通常情况下,对于可以在派生类中重写的事件,应在类型上提供一个受保护的方法(称为 OnXxx)。此方法只应具有事件参数 e,因为发送方总是类型的实例。

以下示例阐释具有适当名称和参数的事件处理程序。

```
public delegate void MouseEventHandler(object sender, MouseEventArgs e);
```

以下示例阐释正确命名的事件参数类。

```
public class MouseEventArgs : EventArgs
{
    int x;
    int y;
    public MouseEventArgs(int x, int y)
    {
        this.x = x;
```

```
            this.y = y;
        }
        public int X
        {
            get
            {
                return x;
            }
        }
        public int Y
        {
            get
            {
                return y;
            }
        }
}
```

5.13 常量（const）

使用 Pascal 命名。

5.14 字段

以下规则概述字段的命名指南：

（1）private、protected 使用 Camel 大小写。

（2）public 使用 Pascal 大小写。

（3）拼写出字段名称中使用的所有单词。仅在开发人员一般都能理解时使用缩写。字段名称不要使用大写字母。下面是正确命名的字段示例。

```
class SampleClass
{
    string url;
    string destinationUrl;
}
```

（4）不要对字段名使用匈牙利语表示法。好的名称描述语义，而非类型。

（5）不要对字段名或静态字段名应用前缀。具体来说，不要对字段名称应用前缀来区分静态和非静态字段。例如，应用 g_ 或 s_ 前缀是不正确的。

5.15 静态字段

以下规则概述静态字段的命名指南：

（1）使用名词、名词短语或者名词的缩写命名静态字段。

（2）使用 Pascal 大小写。

（3）对静态字段名称使用匈牙利语表示法前缀。

（4）建议尽可能使用静态属性而不是公共静态字段。

5.16 集合

集合是一组组合在一起的类似的类型化对象,如哈希表、查询、堆栈、字典和列表,集合的命名建议用复数。

5.17 范型

范型的设计格式是使用<和>封闭其中一个范型参数,例如:

```
public class Stack<T>;
```

5.18 措辞

避免使用与常用的.NET框架命名空间重复的类名称。例如,不要将以下任何名称用作类名称:System、Collections、Forms 或 UI。有关.NET框架命名空间的列表,请参阅类库。

另外,避免使用和以下关键字冲突的标识符。

AddHandler	AddressOf	Alias	And	Ansi
As	Assembly	Auto	Base	Boolean
ByRef	Byte	ByVal	Call	Case
Catch	CBool	CByte	Cchar	CDate
CDec	CDbl	Char	Cint	Class
CLng	CObj	Const	Cshort	CSng
CStr	CType	Date	Decimal	Declare
Default	Delegate	Dim	Do	Double
Each	Else	ElseIf	End	Enum
Erase	Error	Event	Exit	ExternalSource
False	Finalize	Finally	Float	For
Friend	Function	Get	GetType	Goto
Handles	If	Implements	Imports	In
Inherits	Integer	Interface	Is	Let
Lib	Like	Long	Loop	Me
Mod	Module	MustInherit	MustOverride	MyBase
MyClass	Namespace	New	Next	Not
Nothing	NotInheritable	NotOverridable	Object	On
Option	Optional	Or	Overloads	Overridable
Overrides	ParamArray	Preserve	Private	Property
Protected	Public	RaiseEvent	ReadOnly	ReDim
Region	REM	RemoveHandler	Resume	Return
Select	Set	Shadows	Shared	Short
Single	Static	Step	Stop	String
Structure	Sub	SyncLock	Then	Throw
To	True	Try	TypeOf	Unicode

Until	volatile	When	While	With
WithEvents	WriteOnly	Xor	Eval	extends
instanceof	package	var		

6 语句

6.1 每行一个语句

每行最多包含一个语句。如

```
a++;            //推荐
b--;            //推荐
a++; b--;       //不推荐
```

6.2 复合语句

复合语句是指包含"父语句{子语句;子语句;}"的语句。使用复合语句应遵循以下几点：

（1）子语句要缩进。

（2）左花括号"{"在复合语句父语句的下一行并与之对齐，单独成行。

（3）即使只有一条子语句，也不要省略花括号"{}"。如

```
while   (d += s++)
{
    n++;
}
```

6.3 return 语句

return 语句中不使用括号，除非它能使返回值更加清晰。如：

```
return;
return myDisk.size();
return (size ? size : defaultSize);
```

6.4 if、if-else、if else-if 语句

if、if-else、if else-if 语句使用格式：

```
if (condition)
{
    statements;
}
if (condition)
{
    statements;
}
else
{
    statements;
}
```

```
if (condition)
{
    statements;
}
else if (condition)
{
    statements;
}
else
{
    statements;
}
```

6.5 for、foreach 语句

for 语句使用格式：

```
for (initialization; condition; update)
{
    statements;
}
```

空的 for 语句（所有的操作都在 initialization、condition 或 update 中实现）使用格式：

```
for (initialization; condition; update);        //update user id
```

foreach 语句使用格式：

```
foreach (object obj in array)
{
    statements;
}
```

注意：① 在循环过程中不要修改循环计数器。
② 对每个空循环体给出确认性注释。

6.6 while 语句

while 语句使用格式：

```
while (condition)
{

    statements;
}
```

空的 while 语句使用格式：

```
while (condition);
```

6.7 do-while 语句

do-while 语句使用格式：

```
do
{
    statements;
} while (condition);
```

6.8 switch-case 语句

switch-case 语句使用格式：

```
switch (condition)
{
    case 1:
        statements;
        break;
    case 2:
        statements;
        break;
    default:
        statements;
        break;
}
```

注意：

（1）语句 switch 中的每个 case 各占一行。

（2）语句 switch 中的 case 按字母顺序排列。

（3）为所有 switch 语句提供 default 分支。

（4）所有的非空 case 语句必须用 break;语句结束。

6.9 try-catch 语句

try-catch 语句使用格式：

```
try
{
    statements;
}
catch (ExceptionClass e)
{
    statements;
}
finally
{
    statements;
}
```

6.10 using 块语句

using 块语句使用格式：

```
using (object)
{
    statements;
}
```

7 控件命名规则

7.1 命名方法

控件名简写+英文描述,英文描述首字母大写。

7.2 主要控件名简写对照表

控件名	简写	控件名	简写
Label	lbl	TextBox	txt
Button	btn	LinkButton	lnkbtn
ImageButton	imgbtn	DropDownList	ddl
ListBox	lst	DataGrid	dg
DataList	dl	CheckBox	chk
CheckBoxList	chkls	RadioButton	rdo
RadioButtonList	rdolt	Image	img
Panel	pnl	Calender	cld
AdRotator	ar	Table	tbl
RequiredFieldValidator	rfv	CompareValidator	cv
RangeValidator	rv	RegularExpressionValidator	rev
ValidatorSummary	vs	CrystalReportViewer	rptvew

8. 程序结构

8.1 程序结构规范

(1) 程序结构清晰,简单易懂,单个函数的程序行数不得超过 100 行。避免使用大文件。如果一个文件里的代码超过 300~400 行,必须考虑将代码分开到不同类中。避免写太长的方法。一个典型的方法代码为 1~25 行。如果一个方法的代码超过 25 行,应该考虑将其分解为不同的方法。一个文件应避免超过 2 000 行。

(2) 打算干什么,要简单、直截了当,代码精简,避免垃圾程序。

(3) 尽量使用.NET 库函数和公共函数(无特殊情况时,不要使用外部方法调用 Windows 的核心动态链接库 API)。

(4) 不要随意定义全局变量,尽量使用局部变量。

(5) 方法名需能看出它做什么。不要使用会引起误解的名字。如果名字一目了然,就无须用文档来解释方法的功能了。

好:

```
void SavePhoneNumber ( string phoneNumber )
{
    //Save the phone number.
}
```

不好：

```
//This method will save the phone number.
void SaveData ( string phoneNumber )
{
    //Save the phone number.
}
```

（6）程序编码力求简洁，结构清晰，避免太多的分支结构及太过于技巧性的程序。

（7）避免采用过于复杂的条件测试，避免过多的循环嵌套和条件嵌套。

（8）尽量使用.NET 库函数和公共函数（无特殊情况时，不要使用外部方法调用 Windows 的核心动态链接库 API）。

（9）不要随意定义全局变量，声明局部变量，并传递给方法。不要在方法间共享成员变量。如果在几个方法间共享一个成员变量，就很难知道是哪个方法在什么时候修改了它的值。

（10）不要在程序中使用固定数值，用常量代替。

8.2　结构书写规范

（1）把所有系统框架提供的名称空间组织到一起，把第三方提供的名称空间放到系统名称空间的下面。

```
using System;
using System.Collection.Generic;
using System.ComponentModel;
using System.Data;
using MyCompany;
using MyControls;
```

（2）所有的类成员变量应该被声明在类的顶部，并用一个空行把它们和方法及属性的声明区分开。

```
public class MyClass
{
    int m_Number;
    string m_Name;
    public void SomeMethod1();

    public void SomeMethod2();
}
```

（3）避免采用多赋值语句，如 x = y = z;。

（4）必要时使用 enum。不要用数字或字符串来指示离散值。

好：
```csharp
enum MailType

void SendMail (string message, MailType mailType)
{
    switch ( mailType )
    {
        case MailType.Html:
        //Do something
        break;
        case MailType.PlainText:
        //Do something
        break;
        case MailType.Attachment:
        //Do something
        break;
        default:
        //Do something
        break;
    }
}
```

不好：
```csharp
void SendMail (string message, string mailType)
{
    switch ( mailType )
    {
        case "Html":
        //Do something
        break;
        case "PlainText":
        //Do something
        break;
        case "Attachment":
        //Do something
        break;
        default:
        //Do something
        break;
```

    }
}
```

（5）一个方法只完成一个任务。不要把多个任务组合到一个方法中，即使那些任务非常小。
好：
```
void SaveAddress (string address)
{
  //Save the address.
  //...
}

void SendEmail (string address, string email)
{
  //Send an email to inform the supervisor that the address is changed.
  //...
}
```
不好：
```
void SaveAddress (string address, string email)
{
  //Job 1.
  //Save the address.
  //...
  //Job 2.
  //Send an email to inform the supervisor that the address is changed.
  //...
}
```

（6）使用括号清晰地表达算术表达式和逻辑表达式的运算顺序。如将 x=a*b/c*d 写成 x=(a*b/c)*d，可避免阅读者误解为 x=(a*b)/(c*d)。

（7）总是使用以零为基数的数组。

（8）把引用的系统的 namespace 和自定义或第三方的用换行把它们分开。

（9）目录结构中要反应出 namespace 的层次。

## 9 异常处理

### 9.1 异常处理

（1）不要"捕捉了异常却什么也不做"。如果隐藏了一个异常，将永远不知道异常到底发生了没有。

（2）发生异常时，给出友好的消息给用户，但要精确记录错误的所有可能细节，包括发生的时间和相关方法、类名等。

（3）不必每个方法都用 try-catch。当特定的异常可能发生时才使用。比如，当写文件时，处理异常 FileIOException。
```

（4）不要写太大的 try-catch 模块。如果需要，为每个执行的任务编写单独的 try-catch 模块。这将帮助找出哪一段代码产生异常，并给用户发出特定的错误消息。

（5）只捕捉特定的异常，而不是一般的异常。

好：

```
void ReadFromFile ( string fileName )
{
    try
    {
        //read from file.
    }
    catch (FileIOException ex)
    {
        //log error.
        // re-throw exception depending on your case.
        throw;
    }
}
```

不好：

```
void ReadFromFile ( string fileName )
{
    try
    {
        //read from file.
    }
    catch (Exception ex)
    {
        //Catching general exception is bad... we will never know whether it
        //was a file error or some other error.
        //Here you are hiding an exception.
        //In this case no one will ever know that an exception happened.
        return "";
    }
}
```

不必在所有方法中捕捉一般异常。有时可以不管它，让程序运行时出错，这将帮助在开发时发现大多数的错误。

（6）避免将返回值作为函数的错误代码，应该在程序中使用异常来处理错误。

10 其他

10.1 类型转换

（1）尽量避免强制类型转换。

（2）如果不得不做类型转换，尽量使用 as 关键字安全地转换到另一个类型。

Dog dog=new GermanShepherd();
GermanShepherd shepherd=dog as GermanShepherd;
if (shepherd!=null)
{…}

10.2 正确性与容错性要求

（1）程序首先要正确，其次是优美。

（2）无法证明你的程序没有错误，因此，在编写完一段程序后，应回头检查。

（3）改一个错误时，可能产生新的错误，因此，在修改前首先考虑对其他程序的影响。

（4）对所有的用户输入，必须进行合法性检查。

（5）尽量不要比较浮点数的相等，如：10.0*0.1==1.0，不可靠。

（6）程序与环境或状态发生关系时，必须主动去处理发生的意外事件，如文件能否逻辑锁定、打印机是否联机等。对于明确的错误，要有明确的容错代码提示用户，在这样不确定的场合，都使用 Try Throw Catch。

（7）单元测试也是编程的一部分，提交联调测试的程序必须通过单元测试。

10.3 可重用性要求

（1）重复使用的完成相对独立功能的算法或代码应抽象为 asp.net 服务或类。

（2）asp.net 服务或类应考虑面向对象思想，减少外界联系，考虑独立性或封装性。

（3）避免让代码依赖于运行在某个特定地方的程序集。

10.4 其他

（1）不要手动去修改任何机器生成的代码。

① 如果修改了机器生成的代码，则通过修改编码方式来适应这个编码标准。

② 尽可能使用 partial classes 特性，以提高可维护性。（C#2.0 新特性）

（2）避免在一个程序集（assembly）中定义多个 Main()方法。

（3）只把那些绝对需要的方法定义成 public，而其他的方法定义成 internal。

（4）避免使用三元条件操作符。

（5）除非为了和其他语言进行互动，否则绝不要使用不安全（unsafe）的代码。

（6）接口和类中方法和属性的比应该在 2∶1 左右。

（7）努力保证一个接口有 3～5 个成员。

（8）避免在结构中提供方法。

① 参数化的构造函数是鼓励使用的。

② 可以重载运行符。

（9）当早绑定（early-binding）可能的时候，就尽量不要使用迟绑定（late-binding）。

（10）除了在一个构造函数中调用其他的构造函数之外，不要使用 this 关键字。

```
//Example of proper use of 'this'
public class MyClass
{
    public MyClass(string message)
    { }
    public MyClass():this("Hello")
    { }
}
```

(11) 不要使用 base 关键字访问基类的成员，除非在调用一个基类构造函数的时候要解决一个子类的名称冲突。

```
//Example of proper use of 'base'
public class Dog
{
    public Dog(string name)
    { }
    virtual public void Bark(int howlong)
    { }
}
public class GermanShepherd:Dog
{
    public GermanShepherd(string name):base(name)
    { }
    override public void Bark(int howLong)
    {
        base.Bark(howLong)
    }
}
```

(12) 生成和构建一个长的字符串时，一定要使用 StringBuilder，而不用 string。

附录 B
C#精华资源（网站）

 http://www.csdn.net/

 http://www.cnblogs.com/

 http://www.51aspx.com/

 http://www.testage.net

 http://www.51testing.com

 http://www.sqlite.com.cn/

http://www.csia.org.cn

 http://www.oschina.net/

 http://oss.org.cn/

http://www.opensourceproject.org.cn/

附录 C

C#精华资源（参考书）

C#高级编程（第 8 版）

《C#高级编程》为 C#经典名著，连续畅销 15 年，累计销售超 20 万册，引领无数读者进入程序开发殿堂。版本更新至 C#2012 和.NET 4.5。2009 年度、2011 年度分别被评为全行业优秀畅销书，深受广大读者喜爱；2008 年度被评为优秀技术图书；2007 年度被评为最畅销的 C#销售图书；2006 年度被评为最受读者喜爱的十大技术开发类图书；2005 年度被评为十大 IT 图书之 C#2010 版。

《C#高级编程（第 8 版）》是 C# 2012 和.NET 4.5 高级技术的资源，旨在帮助读者更新、提高用 C# 2012 和.NET 4.5 编写 Windows 应用程序、Web 应用程序、Windows 8 样式应用程序的技巧。该书首先介绍了 C#的基础知识，之后全面探讨了该语言和架构中的新增功能，以及新的测试驱动的开发和并发编程特性。该书提供了学习 C# 2012 和.NET 4.5 所需的所有知识，使读者可以最大限度地发挥出这些动态技术的潜能。

主要内容：介绍富有挑战性的.NET 特性，包括 LINQ、LINQ toEquities、LINQ to XML、WCF、WPF、Workflow 和泛型；详细论述了异步编程、模式、基础和方法；研究了 Windows 8 开发的新选项和接口、WinRT 和 Windows 8 样式应用程序；阐述了文件和注册表的操作；介绍了 WPF 编程，包括样式、数据驱动的应用程序和文档、ASP.NET Web Forms 及 ASP.NET MVC。

C#开发实战宝典

《C#开发实战宝典》从初学者的角度讲述使用 Visual Studio 2008 开发环境结合 C#语言进行程序开发应该掌握的各项技术，突出"基础""全面""深入"；同时，就像书名所暗示的一样，强调"实战"效果。在介绍技术的同时，书中都会提供示例或稍大一些的实例，并在各章的结尾安排有综合应用，通过几个小型项目来综合应用本章所讲解的知识，做到理论联系实际。在《C#开发实战宝典》的最后 5 章中，提供了 5 个完整的项目实例，讲述从前期规划、设计流程到项目最终实施的整个实现过程。

全书共分 30 章，主要内容包括初探 C#及其开发环境，认识 C#代码结构，C#程序设计基础，选择结构控制，循环结构控制，字符及字符串，数组、集合与哈希表，面向对象程序设计，Windows 窗体设计，Windows 应用程序常用控件，Windows 应用程序高级控件，对话框、菜单、工具栏及状态栏，数据库编程基础，ADO.NET 数据访问技术，DataGridView 数据控件，面向对象编程高级技术，枚举类型与泛型，LINQ 技术的使用，文件及 I/O，GDI+绘图技术，水晶报表与打印，网络编程，线程的使用，异常处理与程序调试，Windows 应用程序打包部署，企业 QQ 系统，餐饮管理系统，房屋中介管理系统，企业人事管理系统，进销存管理系统等。

《C#开发实战宝典》适合有志于从事软件开发的初学者、高校计算机相关专业学生和毕业生，也可作为软件开发人员的参考手册，或者高校的教学参考书。

C#项目开发实战密码

C#是当今使用最为频繁的编程语言之一，一直在开发领域中占据重要的地位。《C#项目开发实战密码》通过12个综合案例的实现过程，详细讲解C#在实践项目中的综合运用过程，这些项目从作者的学生时代写起，到项目经理结束，一直贯穿于作者最重要的开发时期。

第1章讲解一个俄罗斯方块游戏的具体实现流程；第2章讲解多媒体学习社区系统的具体实现流程；第3章讲解大东科技人事管理系统的具体实现流程；第4章讲解在线留言簿系统的具体实现流程；第5章讲解浪漫满屋通讯录系统的具体实现流程；第6章讲解在线点歌系统的具体实现流程；第7章讲解在线商城系统的具体实现流程；第8章讲解一个企业交互系统的具体实现流程；第9章讲解一个餐饮管理系统的具体实现流程；第10章讲解一个短信群发系统的具体实现流程；第11章讲解超市进销存系统的具体实现流程；第12章讲解家庭视频监控系统的具体实现流程。

在具体讲解每个实例时，都遵循项目的进度来展开，从接到项目到具体开发，直到最后的调试和发布，内容循序渐进，并穿插学习技巧和职场生存法则，引领读者全面掌握C#。

《C#项目开发实战密码》不但适合C#初学者阅读，也可供有一定C#基础的读者学习，还可作为有一定造诣的程序员的参考书。